KB202180

요리로 만나는
과학 교과서

지은이 이영미

경북대학교 사범대학 생물교육학과를 졸업한 후 1987년부터 학생들에게 쉬운 과학을 가르쳐 온 '인기 짱' 과학
교사이자 예슬·정빈 두 딸이 있는 아줌마. 경일여고, 경상여상(현 재일고), 경상여중을 거쳐 현재 경북여자정보
고등학교 과학실에서 학생들과 함께 웃고 실험하며 즐겁게 생활하고 있다. 저서로는 『기다리는 부모가 아이를
변화시킨다』 『작은 친절』 등이 있으며, 대구 매일신문에 요리 칼럼 '이영미의 요리 세상' 다음(daum)에 '모성
애결핍증 환자의 아이 키우기'(http://ncolumn1.daum.net/rhea84)를 연재하고 있다.

질문하고 함께 실험하고 그림 그린 이

윤예슬

그림 그리기와 만화책 읽기를 아주 좋아하는 중학교 3학년 여학생. 한때 과학의 재미에 빠져 초등학교 4학년
때부터 각종 과학 경진대회에 참가해 금상, 은상, 동상을 두루 휩쓴 화려한(?) 경력을 가지고 있지만 지금은 포
토샵과 플루트에 더 열심이다. 엄마를 능가하는 요리 솜씨와 학교 축제 때 필요한 의상을 직접 만들 만큼 뛰어
난 바느질 솜씨를 자랑하고 있으며, 그림과 디자인 공부를 하고 싶은 꿈을 키우고 있다.

윤정빈

가장 재미있는 과목은 수학이고 책을 통해 얻은 과학 지식으로 선생님인 엄마보다 아는 것이 더 많은 것을 가
장 큰 자부심으로 생각하고 있는 초등학교 2학년. 나이가 한참 많은 언니에게 지기 싫어 배운 그림 실력이 만만
치 않아 한때 화가를 꿈꾸기도 했지만, 바이올린 연주를 본 후부터 바이올린의 매력에 푸~욱 빠져 지금은 바이
올린 연주가의 꿈을 키우고 있다.

2004년 6월 10일 초판 1쇄 발행
2022년 8월 1일 초판 24쇄 발행

지은이 이영미·윤예슬·윤정빈
펴낸곳 부키(주)
펴낸이 박윤우
등록일 2012년 9월 27일 등록번호 제312-2012-000045호
주소 03785 서울 서대문구 신촌로3길 15 산성빌딩 6층
전화 02) 325-0846
팩스 02) 3141-4066
홈페이지 www.bookie.co.kr
이메일 webmaster@bookie.co.kr
ISBN 978-89-85989-70-1 43400

엄마와 두 딸의 흥미진진 과학 수다

요리로 만나는
과학 교과서

이영미 · 윤예슬 · 윤정빈

부·키

20년 가까운 세월 동안 과학 선생을 하면서 학생들이 과학을 쉽고 재미있게 배울 수 있는 방법을 찾으려 무던히도 애썼다. 그 노력의 결과인지 고맙게도 아이들에게 과학 시간은 신나고 즐거운 시간이라는 이야기를 참 많이 듣기도 했다.

"어, 아무도 안 자네!"

오늘 수업 시간, 조별 토의를 한창 하고 있던 중에 한 아이가 과학실을 쓰윽 둘러보더니 이렇게 중얼거렸다. 아이들은 와르르 웃었고 수업 시간에 누군가 잠을 자야 하느냐는 내 물음에 그 아이는 보통은 반드시 한두 명 자는데, 아무도 안 자니 이상해서 그런다며 웃음을 지어 보였다.

'재미있고 즐거운 과학'

바로 이런 학생들의 격려에 용기를 얻어 욕심인 줄 알면서도 세상에서 가장 쉬운 과학 책을 쓰고 싶었다. 쉽게 자주 해먹는 요리와 중학교 과학 책에 나오는 내용을 잘 버무려 담아, 교과서에는 없는 과학이 아니라 교과서에 있는 과학을 우리의 일상으로 연결시켜 과학이 정말 재미있고 쉽다는 것을 이야기하고 싶었다.

중학생뿐 아니라 초등학교 고학년이나 고등학생도 이 책을 통해 과학을 즐겁게 만날 수 있기를 바란다. 그 대상 범위가 너무 넓다 싶을지 모르지만 과학 교과서는 초등, 중등, 고등학교의 공통과학까지는 그 내용이 많아지기보다는 깊어지기 때문에 많은 학생들이 재미있고 쉽게 읽고 개념들을 이해하고 혼자서도 실험을 통해 확인해 볼 수 있도록 했다. 교과서를 떠난 과학 상식만을 다룬 책이 아닌, 중학교 과학 교과서의 내용을 다루었기에 실제적인 학습서로도 그 역할을 충분히 해 주리라 믿는다. 학생들의 중간고사 기말고사 준비에 도움이 되는 책, 그래서 재미있게 읽고도 공부가 되는 책이라는 이야기를 듣고 싶다.

 이 책은 엄마 아빠들을 위한 책이기도 하다. 아이들의 질문에 대답을 해 주고 싶지만, 세월이 지나 다 다 잊어버리기도 했거니와 학창 시절에도 과학이라면 고개를 절래절래 흔든 기억을 가진, 그래서 호기심에 눈을 반짝이며 물어 오는 아이에게 "네가 알아봐" "나중에 찾아보자"는 말을 하며 속상하고 안타까워하는 부모님들이 있을 것이다.
 아이와 함께 볼 수 있는 과학 책을 찾아보지만 사서 읽을라치면 자신에게는 어려운 책들뿐이라는, 아이들과 함께 할 수 있다는 실험이 나와 있기는 하지만 실험 재료들이 낯설고 어디서 구해야 할지조차 막막한 것이 대부분이라 한숨만 나온다는 자칭 '대한민국 표준 아줌마'는 내 절친한 친구의 두 가지 고민을 풀어주어야 한다는 사명감(?)에 불탔던 것이 사실이다. 그 친구의 고민이 바로 이 땅의 많은 학부모들의 고민이라 생각했기에 학생뿐만 아니라 학부모들에게도 도움이 되는 책이 되었으면 하는 바람으로 이 책을 썼다. 그래서 엄마 아빠들 모두 부담 없이 읽을 수 있는 내용을 담으려 했다.

이 책에 등장하는 실험 준비물 역시 주방 밖으로 한 발짝도 나오지 않
아도 되는 일상적인 것들로 준비했다. 주방 가위, 물컵, 숟가락, 마늘 찧
는 절구, 식초, 후추, 주방용 세제, 시금치, 당근 등으로 할 수 있는 실험
이라면 겁낼 필요가 없지 않겠는가. 이 책을 슬슬 읽고 일주일에 한두 번
아이들과 함께 과학 실험하는 날을 만들어 보는 것은 어떨까?

"어머니와 함께 하는 과학 실험 정말 재미있어요."
아이가 자주 하는 말. 내가 주방에만 들어서면 키 작은 자신을 위해 플
라스틱 의자를 들고 오며 얼굴 한가득 엄마와 함께 요리하고 실험을 할
기대로 부풀어 있는 아이를 보면서 나 또한 저절로 행복해진다. 이 말에
많은 엄마들은 이렇게 핀잔을 줄지 모른다.
"엄마가 과학 선생이니 가능한 걸 가지고 잘난 척 하기는!"
그리고 많은 아이들은 이렇게 투덜댈지도.
"과학 선생을 엄마로 둔 그 집 애들은 좋겠네."
엄마가 과학 선생이어서 가능했다는 것은 사실일지 모른다. 하지만 그
것을 세상의 많은 엄마와 아이들과 함께 나누고 싶었기에 이 책을 썼다
면 내 간곡한 마음이 전해질까?

이 책은 나의 두 딸 예슬이, 정빈이와 함께 했던 시간들 중에서 과학이
동참했던 부분들을 엮은 것이다. 7살이라는 나이 차 때문에 큰 아이와의
대화와 작은아이와의 대화는 그 수준이 좀 다르다. 하지만 이 책에서는
중학교 과학 책에 나오는 내용과 수준을 다루었으므로 중학교 3학년인
예슬이보다는 작은아이 정빈이와 함께 한 이야기와 실험을 더 많이 실었
다. 중학교 과정을 다루면서도 이 책에 실린 모든 실험을 초등학교 2학

년 작은아이와 함께 했던 것도 그런 이유에서였다. 그 아이가 할 수 있다면 누구라도 할 수 있으리라 생각했기에.

세상의 모든 엄마 – 전업 주부든 직장 여성이든 – 들에게 있어 시간이란 늘 이리 자르고 저리 잘라야 하는 조각 케이크처럼 생각이 될지 모르지만 엄마의 시간과 아이의 시간을 묶을 수 있는 좋은 방법 중 하나가 바로 아이들과 함께 요리를 하는 것이다.

특히 나처럼 직장을 가진 엄마들 대부분은 퇴근하면 가장 먼저 주방으로 달려 갈 것이다. 엄마 혼자 바쁘게 식사 준비하고 그동안 아이들은 자기들끼리 놀고, 밥 먹고 설거지하고 이제 본격적(?)으로 아이들과 놀아주어야 할 시간이 되면 엄마는 지쳐버리기 일쑤.

하루 종일 엄마를 기다린 아이에게 "잠깐 기다려, 엄마 밥해야 하거든. 저리 가서 놀고 있어."라는 말 대신 "이리 와. 엄마와 함께 재미있게 놀자. 우리가 먹을 저녁이니 같이 만들까. 네가 엄마를 도와주면 참 고맙고 행복할 것 같아." 하며 아이들과 함께 놀며 저녁을 준비할 수 있으니 아이들과 함께 할 수 있는 '시간'과 '재미'라는 두 마리 토끼를, 아이들에게 과학이라는 것이 무지 쉽고 재미있으며 또한 우리 생활의 일부라는 것을 깨닫게 해 주니, 이거 도대체 몇 마리의 토끼를 한꺼번에 잡는 걸까? 헤아리기 어려울 정도라고 장담할 수 있는 것은 그동안 두 딸과 살아오면서 우리가 함께 경험하고 성장해 온 것이 있기에 부끄럽지 않게 이야기할 수 있는 것이다. 아이들과 함께 요리를 하다 보면 아이들의 생각 주머니는 부쩍부쩍 자라난다.

"가스 불 위험하니까 가까이 오지 마."라는 말 대신 이런 질문들을 던져 보자.

"가스 불 가까이에 가면 왜 따뜻하다고 느껴질까? 손이 가스 불에 직접 닿지도 않았는데?" "플라스틱으로 된 냄비 손잡이는 냄비 몸체보다 왜 덜 뜨거울까?" "튀김을 할 땐 왜 나무젓가락을 쓸까?"

아이들의 서툰 솜씨를 느긋한 마음으로 지켜봐 주고 기다려 주며 마주 보고 이야기하며 함께 즐기며 저녁을 준비한다면 아이들은 저녁 내내 엄마와 함께 할 수 있으니 얼마나 행복하겠는가? 그러면서 새로운 것, 신기한 것들을 접하게 하고 특히 요리하는 동안 그것에 담겨 있는 과학적인 개념들을 가르쳐 줄 수 있다면 아이와 따로 놀아 줄 필요도, 특별히 과학 공부를 시킬 필요도 없게 된다.

나는 엄마로서 아이들과 함께 가장 재밌게 과학을 즐기는 방법으로 주방이라는 공간에서 아이들과 함께 요리하는 것을 선택했다. 놀기 좋아하고 일하기 싫어하는 게으른 엄마의 필연(?)적인 선택이었던 '함께 요리하며 놀기'는 우리 세 모녀에게 너무도 많은 행복을 가져다주었다.

새 학기, 첫 과학 시간에 아이들에게 이 말만은 빠뜨리지 않고 꼭 한다.

"과학이란 우리 삶의 일부분이고 스스로 생각하고 직접 해 보아야 할 것이 많아 선생님은 과학이 정말 좋아요. 올 1년이 지나 선생님과 헤어질 때쯤 여러분들이 스스로 생각하고 스스로 문제를 해결해 보고자 하는 사람으로 변화되어 있기를 바랍니다. 그것이 선생님과 함께 하는 과학 수업의 목표입니다."

우리 집 두 딸에게도 마찬가지이다.

"살아가는 곳곳에, 순간순간에 너무나 많은 과학이 함께 한다는 것에 관심을 가지고 그것을 알아 가는 과정에서 스스로 생각하고 해결하는 능력을 가지기 바란다. 스스로 생각하고 문제를 해결하는 능력은 비단 과학에만 적용되고 필요한 것은 아니야. 그런 능력을 가지게 된다면 너는 인생에서 그 어떤 일도 해낼 수 있을 거라 생각해. 엄마는 너희들이 과학을 통해 인생을 배울 수 있을 거라 믿어. 엄마가 그랬던 것처럼 말이야."

이 책을 위해 사랑이라는 이름으로 아내를 지원해 주고 도와준 남편 윤기규 씨에게 가장 많은 고마움을 전한다. 그리고 책의 그림을 그려 준 큰 아이 예슬이와 나와 함께 여기에 실린 모든 실험을 함께해 준 작은아이 정빈이에게도 자랑과 고마움을 전한다.

나는 세상의 많은 엄마들이 아이들과 함께 행복해지기를 바라는 마음에서 이 책을 썼다. 나와 우리 두 아이가 그랬던 것처럼.

2004년 5월
행복한 과학 선생 이영미

차례

1장

요리에 숨은 과학

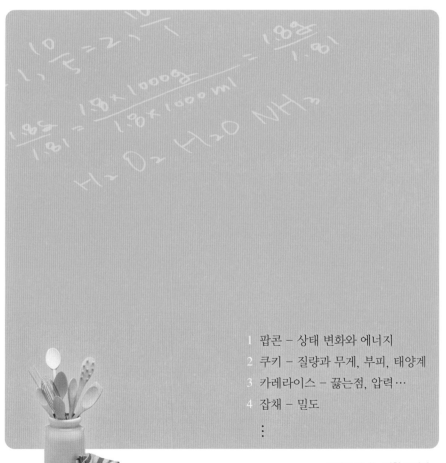

요리로 만나는 **과학 교과서**

1 팝콘

상태 변화와 에너지

난 무엇이든 될 수 있어!
열만 있다면

물은 얼음이 되기도 하고 수증기가 되어 날아가기도 해. 한 가지 물질이 다른 상태로 변하는 것은 왜일까? 고체 상태인 얼음이 되기 위해서는 액체 상태인 물에 있는 열을 빼앗아야 할까 아니면 열을 더 많이 공급해 주어야 할까? 눈치챘겠지? 열의 이동에 의해 물질의 상태가 변한다는 걸 말이야. 열의 들어가고 나옴(흡열과 발열)에 의해 물질을 이루고 있는 분자들의 운동이 달라지게 되거든. 분자들의 운동이 아주 적은 얼음은 저 혼자서 움직이지 못하지만 얼음이 녹아 물이 되고 그 물이 펄펄 끓어 수증기가 되면? 열 받은 옥수수의 변신을 통해 물질의 세 가지 상태와 상태의 변화, 그에 따른 부피의 변화에 대해 알아보자.

"옥수수, 버터, 소금 약간."

"뭘 하시는 거예요?"

"팝콘 만들려고."

"우와~. 전자렌지에 하지 않고 프라이팬에 하는 거예요?"

"오늘은 특별히 프라이팬에 해 볼까 하고. 뚜껑 있는 팬이면 가능하거든. 과학 공부도 좀 할 겸해서 말이야. 팝콘 만들기는 쉽고 간단하지만 아주 많은 것을 배울 수 있어."

"요리하면서 배우는 과학은 재미있어요. 실험도 할 거죠?"

"당연하지. 재미있는 실험을 할 거야."

"과학 실험 너무 좋아요."

"우선 한 가지 물어볼까? 밤을 구울 때 껍질을 조금 잘라내는 이유를 알고 있니?"

"맞아요. 저번에 보니 군밤 장수 아저씨가 계속 밤을 칼로 조금씩 잘라내고 있었어요. 왜 그래요?"

"질문은 어머니가 했는데?"

"$%%^^&*&^?"

"그럼 그 이유는 의문점으로 남겨 두고 팝콘부터 만들어 볼까?"

"왜 그런지 말씀해 주셔야죠."

"팝콘 만들면서 공주님이 스스로 알아보는 게 어떨런지요?"

"넵! 알겠습니다."

"가스 불 켜고 프라이팬에 버터 녹이고."

"그건 제가 할게요. 저는 요리하는 게 너무 좋아요. 버터 녹이고, 또 뭐 해요?"

"여기서 또 한 가지 의문점. 버터는 상온(常溫)에서의 상태와 뜨거운 프라이팬에 얹었을 때의 상태가 왜 다를까? 그리고 각각 이런 상태를 뭐라고 하지?"

"뜨거우니까 녹는 거잖아요. 그냥 있을 때는 고체라 하고 지금처럼 녹았을 때는 액체라고 해요."

온도에 따른 버터의 상태 변화

"오늘의 학습 목표! 이러니까 수업 시간 같다, 그지? 그래도 목표
가 있는 수업이 좋으니까. 오늘은 바로 물체의 세 가지 상태와 열에
의한 변화에 대해 알아보겠습니다."

"어머니가 그러시니까 진짜 수업 시간 같아요."

"가끔 이러는 것도 재밌잖니?"

"잠깐. 가스 불 끄고 먼저 옥수수로 물질의 각 상태를 모형으로 만
들어 보자. 어서 가스 불 꺼. 분자를 뭐라고 했던가?"

"어떤 물질을 계속 작게 작게 조각을 냈을 때 그 물질의 성질을 지
닌 가장 작은 알갱이입니다."

"네가 그러니까 진짜 학교에서 수업하는 거 같잖아. 맞아. 그럼 물
질들의 상태를 분자의 상태로 나타내 볼 수 있겠지? 무슨 말이냐 하
면 우선 세 개의 그릇에 옥수수를 담아 보자. 이때 옥수수의 숫자는
세 곳이 모두 같아야 해. 한 가지 물질이 상태에 따라 변하는 것을
보려고 하니까."

"알았어요. 이렇게 하면 되나요?"

"잘 했구나. 자, 세 개를 비교해 보니 똑같은 옥수수 알갱이, 즉 분

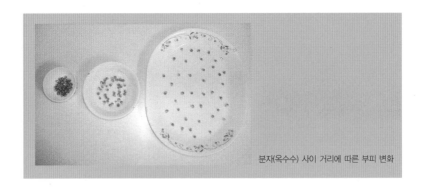

분자(옥수수) 사이 거리에 따른 부피 변화

자가 어떤 상태인지 그 차이를 알겠니?"

"네. 아주 작은 그릇에 담긴 것은 옥수수 알갱이가 꼼짝 못할 것 같아요. 그리고 중간 그릇에 담긴 것은 조금은 움직일 것 같고, 큰 그릇에 담긴 것들은 마음대로 돌아다닐 수 있을 것 같아요."

"바로 그거야. 분자들이 어떤 상태인가에 따라 고체, 액체, 기체라 하는 거지. 이것을 물질의 세 가지 상태라고 하고 이들이 각각의 상태로 변하는 것을 '상태 변화'라 하는 거야. 주방에 있는 물체가 각각 어떤 상태인지 말할 수 있겠지?"

"그럼 왜 한 가지 물질이 이렇게 서로 다른 상태로 변하게 되는 걸까? 아까 버터가 고체에서 액체로 변한 원인이 무엇이었을까?"

"뜨거운 프라이팬에 놓으니까 녹아서 액체가 된 거잖아요. 아, 알겠다. 바로 열이군요."

"그렇지. 열을 받으면 물질의 분자들은 움직임이 활발해지게 되고 분자들이 움직이게 되니까 분자 사이의 간격이 커지게 되는 거지. 액체보다는 기체 분자들 사이의 거리가 훨씬 더 멀잖아. 이렇게 되려면 물질의 부피가 어떻게 될까?"

물질의 상태와 특징

상태	특징
고체	• 분자들이 아주 강한 힘으로 서로를 잡아당기고 있어 입자 사이의 거리가 가장 가깝다. • 담는 용기에 관계없이 그 모양과 부피가 일정하다. • 소금, 설탕, 철, 알루미늄 등
액체	• 분자들 사이의 당기는 힘이 고체일 때보다는 약하고, 고체보다 분자 사이의 간격이 넓다. • 분자들이 비교적 자유롭게 움직이며, 흐르는 성질이 있다. • 담는 용기의 모양에 따라 액체의 모양이 변하지만, 액체의 부피는 변하지 않는다. • 물, 알코올, 주스 등
기체	• 분자들 사이에 작용하는 힘이 거의 없어 분자 간의 거리가 고체, 액체보다 훨씬 더 멀다. • 분자들의 움직임이 매우 자유로워 빠르게 운동하며, 어떤 공간이든 가득 메우고 일정한 형태의 그릇에 담지 않으면 멀리 멀리 퍼져 나간다. • 온도와 압력에 따라 부피와 모양이 크게 달라진다. • 산소, 이산화탄소 등

"자꾸만 커지게 되겠죠."

"그렇지. 결국 물질의 상태 변화는 열에 의한 것이고 대부분의 물질은 고체에서 액체로, 기체로 갈수록 그 부피가 늘어나는 거지. 액체인 물은 기체인 수증기가 될 때 그 부피가 약 1700배 정도 늘어난다고 해. 대단하지? 자, 이제 본격적으로 팝콘을 만들어 볼까?"

"녹았던 버터가 다시 굳었어요."

"당연하지. 열에 의해 버터가 녹았는데 열이 없어지면 당연히 다시 변할 수밖에. 상태 변화는 무엇에 의한 것이다?"

"열에 의한 것입니다."

"그럼 여기서 열이 들어가야 할 곳을 찾을 수 있겠네?"

"고체가 액체가 될 때, 액체가 기체가 될 때, 고체에서 바로 기체가 되는 것도 있어요? 아, 알아요. 드라이아이스는 액체 상태 없이

물질의 상태 변화 과정

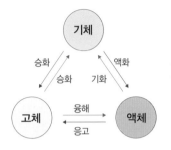

흡열 반응 : 융해, 기화, 승화(고체→기체)
발열 반응 : 응고, 액화, 승화(기체→고체)

바로 고체에서 기체가 되는 물질이에요."

"드라이아이스가 승화될 때는 열이 필요하니 주위로부터 열을 빼앗아 올 수밖에 없어. 아이스크림 사면 일하는 언니가 가시는 곳까지 얼마나 걸리세요 하고 묻고는 드라이아이스를 넣어 주잖아. 드라이아이스가 승화하면서 아이스크림의 열을 빼앗으니 아이스크림의 온도가 내려가서 녹지 않는 거야."

"쇼 프로그램에서도 드라이아이스가 쓰이잖아요."

"가수들 노래할 때 분위기를 살리기 위해 쓰기도 하지. 그런데 드라이아이스를 상온에 두어 기체로, 즉 승화시킬 때 마치 안개가 낀 것처럼 뿌옇잖아. 그것의 정체는 뭘까?"

"이산화탄소 기체잖아요. 드라이아이스가 이산화탄소를 얼린 거

상온에서 드라이아이스의 변화 과정

니까 그게 녹을 때 안개처럼 되는 것 아니에요."

"아니야. 드라이아이스가 녹으려면 무엇이 있어야 하지?"

"당연히 열이 있어야지요. 드라이아이스는 액체를 거치지 않고 고체에서 바로 기체가 되고, 기체는 마구 마구 돌아다닐 수 있어야 하니까 열이 많이 있어야 해요."

"그럼 그 열을 어디서 공급 받지?"

"글쎄요? 그냥 두면 저절로 녹는 거 아니에요?"

"저절로, 라는 것은 있을 수 없어. 상온에서 녹는다는 것은 상온의 열을 빼앗아 간다는 의미가 돼. 바로 뿌옇게 보이는 것은 공기 중의 수증기가 열을 빼앗겨 상태 변화를 일으켜 작은 물방울이 된 거야. 그 물방울들이 우리 눈에 뿌옇게 보이면서 멋진 장면을 만들어 내는 거지."

"저는 그게 이산화탄소 기체인 줄 알았는데 물방울이었어요?"

"기체는 보통 우리 눈에 보이지 않아."

"아하, 맞아요. 단순하게 드라이아이스가 녹을 때 생기는 거니까 이산화탄소라고 생각했는데 열을 빼앗긴 물방울이군요. 열에 의한 상태 변화, 재미있는데요. 그런데 팝콘은 언제 만들어요?"

"팝콘이야 금방 만들지. 가스 불 켜고 버터 다시 녹이고 옥수수 넣고, 프라이팬 뚜껑을 닫고 기다리기만 하면 되거든. 그동안 간단한 실험 하나 할까?"

"실험요?"

"간단해. 위생팩이라고 하는 1회용 비닐만 있으면 되거든. 자, 여기에 공기를 조금만 불어넣는 거야. 그리고는 입구를 꼭 묶고. 그런 다음 가스 불을 켜고 팝콘이 되기를 기다리면서 이 비닐을 불 가까이에 잠시 두면서 어떻게 변하는지 보면 돼."

"어때? 변하는 게 눈에 보여?"

"네, 비닐이 점점 빵빵해져요."

"왜 그럴까?"

"열 받아서 그런 거예요."

"공기 분자들이 열 받았다. 그렇게 말하니 너무 웃긴다."

"맞잖아요."

"맞긴 한데 그래도 열 받았다고 하니…. 열을 받은 공기 분자들은 점점 더 많이 움직여 부피가 증가하면서 비닐의 벽을 때리겠지. 계속 그러면 어떻게 될까?"

"비닐이 뻥, 하고 터지겠지요?"

"바로 그거야. 팝콘의 원리가. 옥수수 알갱이 속에 들어 있던 수분이 열을 받아 기체인 수증기로 바뀌면서 부피가 엄청나게 커지는 거야. 그러면서 압력도 높아지고. 그러다 결국 그 압력을 이기지 못해 옥수수의 껍질이 뻥 하고 터지면서 팝콘이 만들어지는 거지. 뻥 뻥 뻥, 하고 말이야."

열 받은 옥수수 알갱이

"팝콘의 비밀은 바로 물의 상태 변화였군요."

"팝콘의 비밀이라. 너 오늘 말 된다. 그럼 군밤의 비밀도 알아냈겠네?"

"군밤의 비밀요? 아, 밤을 구울 때 껍질 일부를 잘라내는 거 말이에요? 알았어요. 밤도 껍질이 단단하니까 그냥 구우면 밤 속의 수분이 수증기로 변해서 부피와 압력이 커지게 되니까 결국 뻥 하고 터지게 될 거예요. 팝콘이라면 몰라도 밤이 그렇게 터지면? 큰일이잖아요. 그렇게 안 되려면 수증기가 빠져나갈 수 있어야 하니까 밤 껍질을 잘라 주는 거겠죠. 수증기가 밖으로 빠져나갈 구멍을 만들어 줘야 하니까요."

"우와~, 대단해요."

"뭘 이 정도 가지고. 하나 더 알아낸 것이 있어요. 겹쳐진 그릇 두 개가 끼어 안 빠질 때 바로 이것을 이용하는 거예요. 위에 있는 그릇에는 얼음을 넣고 밑에 있는 그릇은 따뜻한 물에 담그면 되요. 그러면 얼음 때문에 위의 그릇은 약간 부피 줄어들 거고 밑에 있는 건 부피가 늘어날 테니 쏙 빠지지 않겠어요? 책에서 그렇게 하면 된다는 걸 읽은 적이 있는데 그 원리는 나와 있지 않거든요. 왜 그럴까 궁금했는데 팝콘이 해결해 주네요. 고마워, 팝콘. 이렇게 맛있는 팝콘이 과학 공부까지 시켜 주다니."

"물론 그릇의 부피 변화는 그리 크지 않지만 그런 작은 부피 변화에 의해 두 그릇 사이에 공간이 생겨 그릇이 빠지게 되는 거야. 또 뜨거운 물에 겹쳐진 그릇을 넣어도 그릇 사이에 공간이 생겨 쏙 빠지게 되지."

실험 1   컵이 땀을 흘리네

준비물   유리컵, 얼음

방법   유리컵에 얼음을 가득 넣고 얼음이 녹는 동안 컵의 바깥쪽에 어떤 변화가 생기는지 관찰한다.

이건
알아지   공기 중에는 기체 상태의 물, 즉 수증기가 포함되어 있지만 우리 눈에는 보이지 않는다. 하지만 컵 속의 얼음이 녹을 때는 컵 주변의 공기로부터 열을 빼앗기 때문에 열을 빼앗긴 수증기가 액체 상태인 물방울로 변해 컵 표면에 맺히게 된다. 얼음이 녹아 물이 되는 것은 흡열 반응, 수증기가 물방울로 되는 것은 발열 반응으로 열의 이동에 의해 상태 변화가 생기는 것이다.

실험 2   팝콘의 비밀

준비물   물이 조금 든 주전자, 1회용 비닐 팩, 고무줄, 가위 방법 ❶ 물이 든 주전자의 입구에 비닐 팩을 고무줄로 고정시킨다.

  ❷ 주전자를 약한 불로 가열한다. 이때 비닐 팩이 불에 직접 닿지 않도록 비닐

    팩 끝 부분을 위로 향하게 잡아 준다.

  ❸ 물이 끓어 수증기가 만들어질 때 비닐 팩의 변화를 관찰한다. 짧은 시간에

    변화가 일어나므로 수증기가 비닐로 나오기 시작하면 바로 가스 불을 끄는

    것이 좋다.

  ❹ 비닐이 팽팽해지면 가위로 비닐의 일부분을 잘라 준다. 너무 많은 수증기

    가 비닐 팩 쪽으로 가게 되면 비닐 팩이 터지거나 주전자 뚜껑이 튀어 오

    를 수 있으므로 빨리, 조심하면서 해야 한다.

이건 알이지 팝콘이 만들어지는 원리를 가장 잘 알 수 있는 실험이다. 주전자 속의 액체 상태의 물이 열에 의해 기체로 상태 변화가 일어나면서 부피가 증가하게 되는데, 이것 으로 옥수수 껍질이 터지는 과정을 설명할 수 있다. 주전자보다 부피가 큰 비닐 팩이 터질 만큼 수증기가 만들어졌지만 주전자 속의 물이 거의 줄어들지 않은 것은 상태가 변할 때 부피가 증가했기 때문이다.

실험 3 저절로 번지네!

준비물 물이 든 투명한 컵, 포도 주스

방법   물이 든 투명한 컵에 포도 주스 한 방울을 떨어뜨린 후 변화를 관찰한다.

이건 말이지... 물이 든 컵에 떨어뜨린 포도 주스가 시간이 지나면서 물 속으로 퍼지다 결국 전체에 균일하게 섞이는 것은 포도 주스가 스스로 운동해 물 속으로 퍼져 나갔기 때문인데 이러한 현상을 '확산'이라고 한다. 확산이 저절로 일어나는 것은 물질을 이루고 있는 분자가 스스로 끊임없이 운동하고 있기 때문이다.

확산은 여러 가지 조건에 따라 달라지는데 분자의 질량이 작고 가벼울수록 확산 속도가 빠르다. 기체 상태의 분자는 액체나 고체 상태의 분자보다 활발하게 움직이고 운동 속도도 빠르기 때문에 확산 속도도 빠르다. 또한 같은 물질의 확산이라면 온도가 높을수록 확산 속도가 빠르다.

확산은 분자들의 이동에 의해 일어난다. 분자들이 물이나 공기 중에서 확산될 때는 물이나 공기의 분자들과 충돌하게 되므로 확산이 방해를 받게 된다. 따라서 진공에서의 확산 속도가 가장 빠르고 다음으로 공기와 같은 기체 속에서의 확산이 빠르다. 물과 같은 액체 속에서는 확산 속도가 가장 느리게 된다.

2 쿠키

질량과 무게, 부피, 태양계

변하는 건 뭐고 안 변하는 건 뭐야?

"목욕탕 가서 몸 질량이 늘었는지 저울에 올라가 보렴." 하고 말하면 고개를 갸우뚱하겠지? 몸무게라는 말은 들어 봤어도 몸 질량이라니? 하면서 말이야. 키 167cm, 몸무게 60kg중. 누구냐고? 바로 엄마의 키와 몸무게야. 몸무게의 단위에 '중' 이라고 붙인 것은 왜일까? 과학에서는 단위가 참 중요해. 특히 무게와 질량을 구분하기 때문에 어렵게 느껴질지도 몰라. 무게와 질량의 개념과 그것을 측정하는 도구들에 대해서 알아보기로 하자. 쿠키를 만들기 위한 밀가루 반죽으로 우리가 살고 있는 태양계에 대해 알아보는 것도 재미있을 거야. 항성, 행성, 소행성, 위성, 유성, 혜성. 갑자기 머릿속에 별들이 뱅글뱅글 도는 것처럼 어렵지? 간단하고 재미있게 구분해 보자.

• •

"예슬아, 뭘 찾니?"

"쿠키 구우려고 하는데 전자저울을 찾을 수가 없어서요."

"물건 쓰고 늘 제자리에 두라고 그렇게 말을 해도…."

"그만, 그만하세요. 그 다음에 무슨 말씀하려는지 너무나 잘 아니까요. 찾을게요. 찾을 테니 나가 계세요.”

“잔소리 안 들으려면….”

“알았어요. 알았다니까요.”

“늘 알았다면서. 알아서 한다는 게…. 너 왜 그래?”

“하트 쿠키 만들어서 어머니께 사랑의 마음을 전하려 했는데 안 할래요.”

“……?”

“마음이 변했어요. 안 할래요.”

“언니, 이거 찾는 거야? 소꿉놀이하느라 가지고 갔었어.”

“정빈이 너 정말? 너 때문에 나만 혼났잖아. 이리 줘 얼른.”

“말은 정확하게 해. 혼이 난 게 아니라 잔소리를 들었을 뿐이야. 그리고 이왕 시작한 거 같이 만들자. 하트 쿠키 만들면서 사랑을 돈독히 해 보는 거야. 무엇 무엇이 필요하지? 밀가루 130그램(g)이라… 저울로 달자. 먼저 그릇을 얹어서 영점을 맞추고.”

“어머니, 언니가 방으로 가요.”

“우리가 예쁘고 맛있는 쿠키 만들어서 언니 기분 풀어 주자. 밀가루 130그램이 필요하다네.”

“그램이 뭐예요?”

“정빈이 몸무게가 얼마지?”

“18이었어요.”

“그냥 18이라고 하지 않는다고 했지? 그 뒤에 단위를 붙여야 한다고 했잖아.”

“센티미터였나? 뭐였지? 갸우뚱갸우뚱.”

"만화를 너무 많이 본 증거가 나오는군. 갸우뚱갸우뚱, 땀이 삐질 삐질, 발라당, 눈이 반짝반짝. 네가 하는 말들은 만화 그림 옆에 적혀 있는 것들이지?"

"만화가 얼마나 재미있는데요. 보는 것도 직접 그리는 것도. 저는 정말 만화가 너무 좋아요."

"알았어, 알았어. 몸무게를 말할 때는 킬로그램 단위를 써야 해. 정확하게 말하면 18킬로그램중이라고 해야 돼."

"그럼 밀가루도 130그램중이라고 해야 정확한 거예요?"

"그렇지. 이것도 밀가루의 무게를 재는 것이니까."

"그럼 뒤에 중을 안 붙인 그램이나 킬로그램은 언제 쓰는 거예요?"

"물질의 양을 나타내는 데는 두 가지가 있어. 우선 그 의미부터 알아보자. 지구와 물체 사이에는 서로 당기는 힘이 있는데 그것을 중력이라고 하고 무게는 바로 그 물체에 작용하는 중력의 크기를 말하는 거야."

"여기 있는 전자저울이나 네가 몸무게를 달았던 목욕탕의 체중계, 정육점에서 고기의 무게를 다는 저울의 공통점을 찾아보면 물체를 얹는 곳이 한 군데뿐이라는 거야. 즉 지구와 물체 사이의 힘을 나타

무게를 측정하는 저울들

질량을 측정하는 저울들

내는 것이라고 생각하면 돼. 네 몸무게가 18킬로그램중이니까 너도 지구를 그만큼의 힘으로 당기고 있고 지구도 너를 똑같은 힘으로 당기고 있는 거지."

"저 안 당겨요."

"네가 의도적으로 당기지 않아서 느끼지 못하는 것뿐이야. 그러니까 그 물체의 무게라는 것은 그렇게 당기는 힘을 수치로 나타낸 거야. 우리가 흔히 무게와 질량을 구분하지 못한 채 사용하는데 무게는 지구에서도 조금씩 다르게 나타나. 같은 물체라도 적도 지방에서는 가볍고 극지방으로 갈수록 무거워지거든. 하지만 그 차이가 그리 크지 않기 때문에 굳이 구분하지 않지만 중력의 차이가 많은 달과 비교해 보면 구분해야 한다는 걸 알게 될 거야."

"달에 가면 제 몸무게가 달라져요?"

"달의 중력은 지구 중력의 6분의 1정도니까 달에 가면 너의 몸무게는 3킬로그램중 정도 되겠지?"

"네~~에? 3킬로그램이요? 제가요? 이렇게 큰데 겨우 3킬로그램밖에 안 된단 말이에요? 그럼 어머니는요?"

"60킬로그램중이니까 10킬로그램중이 되겠지."

"어머니 몸무게가 10킬로그램중밖에 안 된다고요? 어머니는 달에 가고 싶겠네요. 살 빼고 싶어 하시잖아요."

"살이 빠져서 그런 게 아니고 나는 그대로인데 달의 중력 때문에 그런 숫자로 나오는 것뿐이야. 그런데 이런 것을 생각해 보자. 칠판에 그림으로 그려 볼게. 윗접시 저울이라고 하는 건데 여기 있는 전자 저울과 가장 큰 차이점이 있어. 물체를 얹는 곳이 두 곳이라는 거야. 한 곳에 기준이 되는 물체를 얹고, 다른 곳엔 무게를 재야 하는 물체를 얹는 거지. 국제킬로그램원기라는 것이 있는데 이것의 질량을 1킬로그램이라 하고 이를 기준으로 상대적인 물질의 양을 측정하는 거지. 다른 한쪽에 물체를 얹어 수평을 이루면 그 물체의 질량이 1킬로그램이 되는 거지.

그럼 이번에는 이 저울을 들고 달에 가 볼까? 달의 중력이 지구보다 작더라도 국제킬로그램원기의 질량을 그곳에서도 1킬로그램이라 하고 물체의 질량이 그것과 수평을 이루고 있으니 역시 1킬로그램인 거지. 어디를 가지고 가도 기준이 되는 것과 함께 가니까 그 값이 변하지 않는 거야."

"그럼 제가 윗접시 저울에 올라가면 한쪽에는 18킬로그램만큼 뭔가를 얹겠네요? 양쪽이 수평이 되도록 해야 하니까요."

"그렇지. 국제킬로그램원기를 기준으로 하여 제작된 다양한 질량의 분동들이 있어 그것을 너와 수평이 되도록 다른 쪽에 올리는 거지."

"달에 갈 때도 저만 가는 게 아니고 수평이 된 접시 위에 올라 선

국제킬로그램원기

상태로 가는 것이네요."

"그렇지. 그러니 중력이 작아져도 그 분동에는 아무런 변화가 없으니 넌 여전히 18킬로그램인 거지. 그래서 질량은 그 물체의 고유

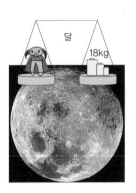

무게와 질량 비교

무게	질량
지구가 물체를 잡아당기는 힘의 크기, 즉 중력의 크기.	물체가 가지고 있는 고유의 양.
장소에 따라 중력의 크기가 다르므로 장소에 따라 무게 값도 변한다.	장소에 따라 변하지 않는다.
N(뉴턴), kgf(킬로그램힘), kg중 등의 단위를 사용.	kg, g 등의 단위를 사용.
용수철 저울로 측정.	윗접시 저울 또는 양팔 저울로 측정.

한 값, 즉 변하지 않는 값이라고 하는 거야."

"과학적인 개념에서는 그렇지. 하지만 지구에서는 중력의 차이가 아주 적기 때문에 일상생활에서는 질량과 무게를 같은 의미로 생각하는 것이 일반적이야."

"그래도 공부할 때는 구분해야 하는 거잖아요?"

"가끔 그런 문제를 볼 때가 있어. 무게와 질량에 대한 설명으로 바른 것은? 아니면 틀린 것은? 그러니 이 기회에 정확하게 구분해 두면 좋겠지?"

"꼭 그렇게 해야 되요? 보통 때는 같이 쓴다면서."

"당연하지. 과학 시간에는 중력을 무시할 수 없으니까."

"중력 미워요. 이렇게 어렵고 힘들게 하니까요."

"언니가 지금 방에서 그런 마음일 거야. 어머니 미워요."

행성, 위성, 소행성, 혜성, 유성 - 태양계 별들의 종류

"자, 쿠키 반죽이 다 됐구나. 우리 이걸로 하트 모양 말고 다른 걸 만들어 볼까?"

"어떤 거요?"

"지구와 달 이야기를 했으니 이제 우리 태양계를 만들어 보는 거야."

"태양계요?"

"우리가 살고 있는 태양계의 모형을 만들어 보는 거지. 태양과 수

태양계

성, 금성, 지구, 화성 등등. 태양계는 위치가 변하지 않고 스스로 빛을 내는 항성인 태양을 중심으로 수성, 금성, 지구, 화성, 목성, 토성, 천왕성, 해왕성, 명왕성이 공전하고 있어. 이 별들은 태양 주위를 타원 궤도를 그리면서 돌고 있는데 그걸 행성이라고 해. 스스로 빛을 내지 못하고 태양 빛을 반사하지."

"달도 행성이에요?"

"달과 같이 행성 주위를 돌고 있는 것은 위성이라고 해."

"지구에만 위성이 있는 건 아니죠?"

"태양계에는 60개가 넘는 위성이 발견되었는데 수성과 금성만 위성이 없고 다른 행성들은 1개에서 많게는 20개가 넘는 위성을 가지고 있어. 여기에 태양을 놓고, 그 다음 수성, 금성, 지구…."

"그 다음은 화성, 그리고 가장 큰 목성. 그 다음은 고리가 있는 토성이 있죠."

토성의 고리

"사실 목성도 희미하지만 고리가 있어. 목성과 토성은 많은 위성을 가지고 있는 것도 특징이지."

"그 고리는 뭐예요?"

"작은 얼음과 암석이라고 해. 지구에서는 몇 개의 고리로 보이지만 실제로는 수천 개의 고리로 되어 있어. 토성은 위성이 가장 많은 행성이기도 해. 지금까지 20개가 넘는 위성이 발견되었다고 하거든."

"지구는 위성이 달 하나밖에 없는데 달이 몇 개나 되면 너무 헷갈릴 것 같아요. 한꺼번에 그렇게 많이 뜬다면 정신없을 거 아니에요?"

"재미있을 것 같은데? 자, 토성 다음에는 천왕성, 그 다음은 해왕성."

"제일 멀리 있는 명왕성은 제가 할래요."

"수성, 금성, 지구, 화성은 밀도가 크고 크기가 작으며 표면 물질이 암석으로 된 지구형 행성으로, 목성, 토성, 천왕성, 해왕성은 밀도가 작고 크기가 크며 구성 물질이 기체인 목성형 행성으로 크게 구분하기도 해."

"명왕성은?"

"지구형 행성에 넣기도 하고 두 구분에서 제외시키기도 해. 명왕성은 둘의 성질을 다 가지고 있거든. 기체로 되어 있는 목성형의 성질과 크기가 작다는 지구형의 성질을 다 가지고 있어서 말이야. 또 태양계는 지구를 중심으로 내행성과 외행성으로 구분하기도 한단다."

"수성, 금성, 화성이 내행성이고 나머지는 외행성이군요."

태양계의 행성들

행성	태양에서의 거리(지구=1)	적도 지름 (지구=1)	대기 성분	그 외 특징
수성	0.39	0.38	거의 없음	대기가 거의 없어 달과 같이 운석 구덩이가 있고 400℃ 이상 영하 100℃ 이하의 심한 온도 차를 나타냄.
금성	0.72	0.95	이산화탄소	이산화탄소 대기로 온실효과가 커 표면 온도가 470℃나 되며 지구에서 가장 밝게 보여 샛별이라 부름. 자전 방향과 공전 방향이 반대.
지구	1	1	질소, 산소	표면에 물이 존재하는 태양계의 유일한 행성.
화성	1.52	0.53	이산화탄소	크기는 지구의 절반 정도인데 질량이 1/10 정도. 물이 흘렀던 흔적이 있고 계절의 변화가 생김.
목성	5.20	11.19	수소, 헬륨, 메탄	빠른 자전에 의한 대기 현상으로 줄무늬가 나타나고 고리가 있음.
토성	9.45	9.41	수소, 헬륨, 메탄	물에 뜰 정도로 밀도가 작고 태양계에서 가장 많은 위성을 가짐.
천왕성	19.2	4.0	수소, 헬륨, 메탄	지구와 반대로 동쪽에서 서쪽으로 자전하며 고리가 있음.
해왕성	30.0	3.88	수소, 헬륨, 메탄	표면 온도가 영하 220℃로 매우 낮음.
명왕성	39.6	0.18	메탄	공전 주기가 가장 길며 지구 질량의 0.2% 정도로 작음.

"그렇지. 이런 행성과 그 주위를 돌고 있는 위성 외에도 소행성과 혜성과 유성 등이 태양계를 이루고 있어."

"소행성은 작은 행성이란 뜻이에요?"

소행성, 혜성, 유성(왼쪽부터)

"응. 화성과 목성 사이에 가장 많다고 하는데 이 바위 덩어리들은 지름이 1km 이하에서 수십km로 다양해."

"혜성과 유성은 어떻게 달라요?"

"혜성은 가스와 먼지들이 얼어 있는 상태의 천체인데 태양 가까이 가면 태양열에 의해 얼음이 녹아 기체로 변하기 때문에 태양 반대쪽에 긴 꼬리를 만들지. 소행성이나 혜성이 지나간 자리에 흩어져 있는 먼지나 티끌 등이 지구로 끌려오게 되면 대기권에 들어와 마찰로 인해 타게 되고 이때 열과 빛을 내는데 그것을 유성 혹은 별똥별이라 해. 유성 중에 다 타지 못하고 지표에 떨어진 것을 운석이라고 하는데 무게가 600kg 이상인 것도 있다니 엄청나지. 그런데 태양이 없으면 어떻게 될까?"

"매일 매일이 밤이겠지요. 해가 없을 때가 밤이잖아요. 하루 종일 깜깜하겠네요."

"춥겠지?"

"그거야 보일러 돌리면 되잖아요. 아, 제일 큰 문제가 있어요. 식물이 자랄 수가 없어요. 광합성을 해야 하는데 못하잖아요. 해가 없으면."

"식물이 살지 못하면 우리도 못살겠지?"

"왜요?"

"식물이 광합성 할 때 만들어 내는…, 힌트는 콧구멍이야."

"아, 산소! 산소가 없어 숨을 못 쉬니까… 그럼 다 죽겠네요? 식물도 동물도 숨은 쉬니까. 해가 없으면 안 되겠어요. 아무것도 살 수가 없을 테니까요."

"그래서 태양은 지구 에너지의 창고라고 하는 거야. 태양에서 지구까지 햇빛이 와 주는 것이 얼마나 고마운지 알아야 해."

"그래도 해가 미울 때도 있어요. 저는 눈부신 거 아주 싫어하잖아요. 눈도 잘 못 뜨고. 그리고 너무 더울 때도 싫어요."

"태양이 있어야 식물이 광합성을 하고, 그래야 우리가 살 수 있으니 싫어하지 마. 석탄도 옛날에 살던 식물들이 땅속에 묻혀서 만들어진 것인데 그것으로 우리는 많은 에너지를 얻고 있잖아. 그러니 석탄도 결국은 태양의 선물이라고 할 수 있지."

"전기도 에너지니까 그거 쓰면 되잖아요."

"전기 에너지도 태양이 있어야 만들 수 있는걸. 태양이 강이나 바다의 물을 증발시키고 증발된 물은 구름이 되고, 구름이 비나 눈이 되어 다시 땅으로 오는 순환을 하게 되는데 이런 물의 이동을 통해 발전소에서 전기를 생산하거든.

이처럼 태양은 지구상의 모든 생물의 생명을 유지해 주는 에너지, 생활에 필요한 에너지를 주고 있어. 우리는 태양 에너지를 여러 가지 형태의 에너지로 바꾸어 필요한 곳에 쓰고 있는 것뿐이야. 태양을 미워하거나 싫어하면 안 되겠지?"

"그래도 너무 더울 때는 싫은걸요 뭐."

오늘은 어떤 실험해요?

실험 1 감쪽같지?

준비물 저울, 접시, 쿠키나 빵, 우유

방법 ❶ 저울에 접시를 얹은 후 영점을 맞춘다.

❷ 접시 위에 쿠키를 얹고 무게를 잰다.

❸ 쿠키가 흡수할 수 있을 정도로 천천히 그리고 조금씩 쿠키 위에 우유를 붓는다.

❹ 우유가 쿠키에 다 흡수되었을 때 무게를 잰다.

❺ 우유를 붓기 전과 후의 쿠키의 무게와 부피를 비교한다.

※ 주의 : 우유를 조금씩 부어 주고 쿠키가 다 흡수하지 못한 우유가 접시에 남아 있으면

키친 타월로 닦아 준다.

이건 만이지 쿠키에 우유를 부었기 때문에 우유의 무게만큼 총 무게는 늘어났지만 쿠키의 크기, 즉 부피에는 거의 변화가 없다. 이를 통해 부피가 같다고 해서 물체의 무게가 같지 않음을 알 수 있다.

3 카레라이스

끓는점, 압력, 식물의 구조와 광합성

압력이 높으면
끓는점도 높대요

높은 산에 올라갈 때 무거운 산소 통을 메고 가는 이유는 뭘까? 공기가 부족하기 때문이야. 그런데 높은 산에선 밥이 잘 되지 않는 이유는 또 뭘까? 냄비가 공기 부족으로 호흡 곤란을 일으키는 것도 아닌데 말이야. 공기의 양에 따라 압력이 변하게 되고 압력은 끓는점에 영향을 미치게 되거든. 물에 삶는 것보다 기름에 튀기는 것이 훨씬 빨리 익는 것은 바로 물과 기름의 끓는점 차이 때문이야. 자연스럽게 결론이 나지? 공기가 많음☞압력 높아짐☞끓는점 높아짐☞음식이 빨리 됨. 과학은 이렇게 스스로 해 볼 게 많아서 좋아. 그런데 과학의 힘으로 나를 식물처럼 광합성을 할 수 있도록 해 줄 순 없나? 광합성이 무엇이기에 안 먹어도 된단 말이야? 왜 나는 못하는데 식물은 광합성을 할 수 있는지에 대한 비밀을 알아내면 가능하지 않을까?

• •

"뭐 먹고 싶어?"

"카레라이스 먹고 싶어요. 빨리 먹고 싶어요. 배에서 꼬르륵 소리가 난단 말이에요."

"알았어. 밥은 압력 밥솥에 하면 금방 되니까 다른 재료부터 준비하자."

"압력 밥솥에선 왜 밥이 빨리 돼요?"

"공주님, 아직 배가 덜 고프군요? 그런 것이 궁금한 걸 보니. 압력 밥솥의 원리를 이해하려면 먼저 물의 끓는점부터 알아야 해."

"물은 100℃에서 끓잖아요. 물이 다른 온도에서도 끓어요?"

"물론이지. 물은 보통 100℃에서 끓어. 그건 압력과 관계 있는데 1기압일 때의 끓는점이 100℃이지. 물이 끓을 때 냄비 뚜껑이 들썩들썩하잖아. 그건 수증기가 냄비 뚜껑을 밀어 올리는 거야."

"우와, 수증기가 기운이 엄청 세군요."

"수증기의 힘이 만만치 않지? 그렇게 뚜껑이 들썩일 때마다 수증기가 냄비 밖으로 빠져나가기 때문에 냄비 안의 압력이 1기압으로 유지되고 물의 끓는점도 100℃ 이상 올라가지 않아. 열을 계속 가해도 물을 수증기로 증발시키는 데 쓰이기 때문에 온도는 더 오르지 않거든. 하지만 물의 끓는점은 100℃보다 낮을 수도 있고 높을 수도 있어. 끓는점은 무엇과 관계가 있다고 했지?"

"압력이요."

"압력이 변하면 물의 끓는점도 달라져. 압력이 1기압보다 높아지면 끓는점도 높아지고 1기압보다 낮아지면 끓는점도 낮아지거든. 압력 밥솥이라는 이름이 붙은 걸 보니 이 밥솥은 압력이 어떨 것 같아?"

"으~음. 압력이 높아지면 물이 높은 온도에서 끓는다고 하셨죠? 높은 온도에서 쌀이 잘 익을 테고 밥이 빨리 되게 하려면 온도가 높아야 할 테니…. 결론은 압력이 높아야겠네요."

"바로 그거야. 답도 잘 맞추었지만 그렇게 스스로 생각해 보는 모습이 너무 멋져. 그래서 어머니도 과학이 좋아. 나 스스로 생각해 볼 것이 많으니까 말이야. 네 말처럼 압력 밥솥은 보통 냄비와는 달리 뚜껑을 닫았을 때 밥솥 안의 수증기가 날아가지 않고 밥솥 안에 모이게 돼. 그러면 밥솥 안의 압력이 높아지고 자연히 물의 끓는점도 높아지고. 따라서 음식을 짧은 시간에 익힐 수 있게 되는 거야."

"그럼 압력은 기체가 많으면 높아지나요? 수증기가 많아서 압력이 높아진다고 하셨잖아요?"

"액체인 물이 수증기가 되면 부피가 커지면서 압력이 높아지는 거야. 기압이라고 하면 일반적으로 대기압을 말하는데 바로 공기가 누르는 힘이니까 공기가 많으면 압력이 높아지겠지. 그러니 압력 밥솥 안에 기체인 수증기가 많으면 솥 안의 압력이 높아지는 거지. 산에 올라가면 기압이 어떻게 될까?"

"높은 산에 올라가면 산소가 적어서 숨쉬기 곤란하다고 하잖아요. 공기의 양이 적으니까 기압도 낮아지겠군요."

"지난번 산에 가서 밥 해 먹을 때 냄비 위에 돌 얹었던 거 기억해? 공기의 양이 적으니 당연히 누르는 힘이 적겠지. 그러면 냄비의 물이 100℃보다 낮은 온도에서 끓게 되니 쌀이 잘 익지 않게 되거든. 그래서 냄비뚜껑 위에 돌을 얹었던 거야."

"공기 대신 돌을 얹어 압력을 높여 준 거군요."

"그렇지. 세계에서 제일 높은 산인 에베레스트 산에서는 물이 70℃ 정도에서 끓는대."

"산에 가면 귀가 먹먹하잖아요. 그것도 압력 때문이에요. 그런데 이상해요. 산에 올라가면 공기가 적어진다고 했는데 왜 귀가 먹먹해요? 귀를 막 누르는 것 같은데. 압력이 세진 것 같이 느껴지던걸요?"

"그건 귀의 고막을 경계로 몸 안의 압력과 몸 밖의 압력이 달라져서 그렇게 느껴지는 거야. 보통 때는 몸 안팎의 압력이 거의 비슷하기 때문에 잘 느끼지 못하는데 산에 올라가면 밖의 압력이 낮아지니 압력의 균형이 깨지게 되거든. 쉽게 말해서 우리 몸 안의 공기 힘이 세져서 고막 안쪽에서 바깥으로 힘껏 밀고 있다고 생각하면 돼. 우리가 코를 세게 풀 때에도 귀가 먹먹한 느낌이 들잖아. 그건 일시적인 것이지만 반대의 현상이야. 코와 귀는 유스타키오관으로 통하게 되어 있는데 코를 풀 때 몸 안의 공기도 함께 빠져나가 바깥의 압력이 세진 상황이 되는 거지."

"앞으로 코를 살살 풀어야겠어요. 코를 너무 세게 풀면 귀의 안과 밖의 압력 차가 커지겠군요. 혹시 고막이 찢어질지도 모르겠네요?"

"그렇기까지야 하겠냐마는 코를 너무 세게 푸는 것이 고막에 좋지 않은 건 사실이야. 고막은 아주 민감하게 반응해야 하는데 습관적으로 코를 세게 풀면 좋지 않을 거니까."

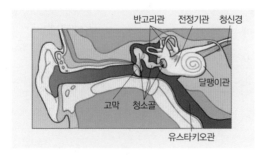

귀의 구조

"배고파요. 카레라이스 얼른 만들어 주세요."

"카레라이스를 만들려면 쇠고기, 감자, 당근, 양파, 카레 가루 등이 필요해. 가만, 감자는 열매일까? 줄기? 아님 뿌리?"

"뿌리는 아닐 것 같아요. 그러면 문제가 너무 시시하죠?"

"뿌리는 아니야. 뭘까 한번 생각해 보렴."

"그럼 열매인가? 그런데 열매가 땅속에 있을 수도 있어요?"

"보통 식물의 몸을 뿌리, 줄기, 잎의 세 부분으로 나누는데 뿌리는 땅속에, 줄기와 잎은 땅 위에 나와 있는 것이 대부분이지만 감자처럼 줄기가 땅속에 있는 경우도 있어. 그런 것을 땅속줄기라 하는데 땅속줄기의 가지 끝에 양분이 저장된 것이 우리가 먹는 감자야. 양파도 땅속줄기지만 감자와는 또 다르지. 양파는 겹겹이 벗기게 되어 있잖아. 그런 것을 땅속비늘줄기라고 해.

그런데 식물과 동물의 가장 큰 차이점이 뭐라고 생각하니? 네가 동물이니까 너와 식물의 차이점을 생각해 보면 되겠다."

"말을 못하고 밥도 안 먹고 생각도 못하고…."

"그럴까? 생각도 못할까? 그건 너무 자기중심적인 것 같지 않니? 식물이 사람의 소리에 반응을 나타낸다는 실험 결과는 많아. 식물은 움직이지 못하는 걸까? 아니면 움직이지 않는 걸까?"

"다리가 없어서 못 움직이는 거잖아요."

"물론 그렇게 생각할 수도 있지. 하지만 다르게 생각해 볼 필요도 있지 않을까? 움직일 필요가 없다면? 땅에 뿌리를 박고도 살아갈 수 있는 능력이 있어서 움직일 필요가 없는 것일 수도 있지 않을까?"

"어떤 능력이 있어서 움직일 필요가 없다는 거예요? 우리보다 식물이 더 낫다는 거예요?"

"꼭 누가 더 낫다고는 할 수 없지만 동물과 식물은 생물이야. 살아가기 위해서는 여러 가지 물질들이 필요하지. 영양소 말이야. 그런데 우리는 그것을 스스로 만들 능력이 없으니까 두 팔과 두 다리를 움직여 돌아다니며 사냥을 하거나 농사를 짓거나 아니면 슈퍼마켓에 가서 먹을 것을 사오는 거지. 하지만 우리 몸에 필요한 영양분들을 우리가 직접 만들 능력이 있다면 힘들여 그럴 필요가 있을까? 가만히 서 있어도, 서 있는 것도 귀찮으니 가만히 누워 있어도 내 몸 안에서 필요한 양분들을 만들 수 있으면 얼마나 좋겠니? 어머니처럼 게으른 사람은 밥하는 일만 안 해도 살맛이 날 텐데."

"먹는 건 제일 좋아하면서 만들기는 싫다고 하면 어떡해요? 그럼 식물은 그런 능력이 있어서 꼼짝 안하고 서 있는 거란 말이에요?"

"그렇게 생각할 수도 있다는 거지. 식물이 가진 가장 큰 능력 중 하나가 광합성이거든. 말 그대로 태양 빛을 이용해서 살아가는 데 필요한 에너지, 즉 포도당을 직접 만들 수 있는 능력이지. 이 지구상에 있는 생물체의 몸 안에서 에너지를 낼 수 있는 물질은 포도당이거든. 식물의 잎이 대부분 초록색이잖아. 그것은 식물의 잎 세포 안에 엽록체라는 것이 있어서 물, 이산화탄소를 재료로 포도당을 만들어 낼 수 있는 거지. 이때 빛이 필요하고. 엄마도 몸 어딘가에 엽록체가 있었으면 좋겠다. 그러면 굳이 밥을 안 먹어도 내 몸 안에서 포도당이 만들어질 테니 얼마나 편하겠어?"

"그럼 어머니 몸이 초록색이 되어야 하는데 괜찮겠어요?"

"특이하잖아. 누군가가 식물의 엽록체가 사람에게도 생길 수 있도록 한다면, 그래서 사람이 식물처럼 광합성을 할 수 있게 된다면 지구의 식량난도 해결될 수 있을 텐데. 모든 사람이 초록색 피부를 가지게 되면 문제될 거 없잖아. 네가 그 연구를 해 보면 어떻겠니?"

"저는 초록색 피부는 싫어요. 안 먹고 살 수 있는 것도 싫고요. 먹는 재미가 얼마나 좋은데요. 꼭 배가 고파서 먹는 것만은 아니잖아요. 그런데 잎에서 광합성을 하려면 물과 이산화탄소가 필요하다고 했는데 그건 어디로 먹어요? 식물은 입도 없는데?"

"뿌리로 흙에 있는 물을 흡수하고 잎의 기공을 통해 이산화탄소를 흡수하지."

"뿌리에서 잎까지 어떻게 가요? 식물 몸 안에 길이 있어요?"

"잎에서 만든 양분도 뿌리까지 골고루 보내 줘야 되겠지? 그래서 식물의 몸에는 관이 많아. 뿌리에서 줄기와 잎으로 물이 이동하는 물관과 잎에서 식물체의 곳곳으로 포도당이 이동하는 체관이 있는데 이것들이 여러 개씩 있어서 '관다발'이라 부르지. 꽃다발이라는 말을 알고 있으니 이해하기 쉽겠구나. 이런 관다발은 식물의 어디에 있어야 할까?"

"????"

"우리 몸에서 관다발과 비슷한 역할을 하는 것이 혈관이야. 이것이 힌트야."

"혈관이 힌트예요? 그럼 알겠어요. 식물의 뿌리, 줄기, 잎에 모두 있어야 해요. 물도 영양분도 모두 골고루 가야 하니까요."

"그렇지. 잎에 있는 잎맥도 관다발이야. 뿌리와 줄기에도 당연히 있어야겠지? 대부분의 교과서에서는 줄기 단원에서 물관과 체관에 대한 내용이 나오는데 이것 때문에 학생들이 관다발은 줄기에만 있는 것으로 오해하는 경우가 많아. 사람의 몸통에만 혈관이 있다고 생각하는 것과 같은 것이지. 그러니 그런 오해는 말아 줬으면 해."

"그럼 광합성도 꼭 잎에서만 일어나는 것은 아니겠네요? 잎만 초록색인 것은 아니잖아요."

"당연하지. 잎에서 가장 많이 일어난다는 거지 잎에서만 광합성을 한다는 것은 아니야. 녹색인 부분에서는 광합성이 일어난다고 보면 돼. 그러니까 줄기에서도, 심지어 뿌리에서도 광합성을 하는데…."

"뿌리에서요? 햇빛이 있어야 광합성을 할 수 있다고 하셨으면서. 뿌리는 땅속에 있는데 어떻게?"

"무가 그 증거 중 하나지. 보통 우리가 먹는 부분은 뿌리로 녹말을 저장하는 저장 기관인데 여기에 백색체라는 것이 있어. 흰색의 백색체가 햇빛을 받으면 엽록체로 바뀌고 광합성을 하게 되는 거지. 무의 위쪽에 초록색 부분이 있잖아. 그러니 잎에서만 광합성을 한다는 오해도 역시 하면 안 되겠지?"

"뿌리 중에서 땅 위로 나와 있는 부분은 햇빛을 받을 수 있으니까 가능하단 말씀이시죠? 그런 오해 안 할 테니 얼른 카레라이스 먹게 해 주세요. 쓰러지겠어요."

"어머니, 그런데 이상해요."

"뭐가 또 이상해? 배고파 쓰러지겠다더니 궁금한 건 왜 그렇게 많아."

뿌리 물과 무기 양분의 흡수 및 운반, 식물체 지탱, 흙 속의 산소 흡수, 광합성에 의
해 만들어진 유기 양분 저장.

줄기 식물체 지지, 물과 양분 운반, 표피 세포를 통한 호흡, 감자와 같이 변형되어
양분 저장.

잎 광합성으로 양분 합성, 기공을 통해 호흡.

꽃 씨앗을 만듦.

식물의 광합성 과정 모식도

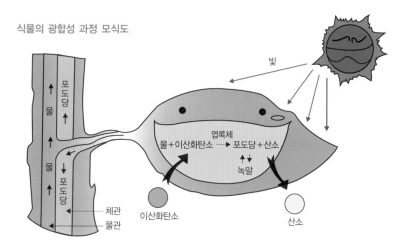

"광합성에 의해 만들어진 포도당이 에너지를 낸다고 했잖아요. 그
럼 포도당만 먹으면 살 수 있을 텐데 왜 여러 가지 골고루 먹어야 한
다고 해요?"

"사람이 살아가는 데는 여러 가지 영양소가 필요해."

"그러니까 이상하다는 거잖아요. 에너지만 있으면 우린 살 수 있
잖아요."

"식물에는 뼈가 있니?"

"아니오. 식물에 뼈가 있으면 너무 웃길 것 같아요. 시금치 무침을 먹을 때 뼈를 발라내고 먹어야 할 거 아녜요. 지금도 시금치는 싫은데 뼈까지 발라내면서 먹어야 한다면? 정말 싫어요."

"식물에 근육은 있니?"

"식물에 근육이 어딨어요? 식물이 알통이 생긴다면? 너무 웃겨요. 오늘 정말 왜 이러세요? 무얼 이야기하고 싶으신 거예요?"

"우리에게 에너지를 내는 포도당 외에 여러 가지 영양소가 필요하다는 이야기를 하려고 그러는 거야. 사실 초록색 피부가 되어 광합성을 할 수 있다고 해서 안 먹고 살 수는 없어. 우리가 살아가는 데는 에너지만으로는 부족하거든. 일단 우리의 몸을 구성하는 물질, 즉 단백질, 지방, 무기질, 물이 있어야 해. 비타민은 에너지를 전혀 낼 수 없지만 우리 몸에서 하는 일은 정말 많아. 예를 들어 상처가 생겨 피가 날 때 피를 멈추게 하기 위해서는 비타민 K가 꼭 있어야 하거든. 무기질인 칼슘도 있어야 하고. 그래서 우리에게는 물, 탄수화물, 단백질, 지방, 무기질, 비타민, 이렇게 여섯 가지 영양소가 필요하니 골고루 먹어야 하는 거야."

"카레라이스를 먹으면 그 영양소들을 다 먹을 수 있나요?"

"밥과 감자에는 탄수화물이, 고기에는 단백질과 지방이, 버터에는 지방이, 야채에는 무기질과 비타민이 많이 들어 있으니 거의 다 먹는 거네. 물이야 조리 과정에서 기본으로 들어가는 거니까."

"아, 이제는 정말 더 이상 못 참아요. 얼른 먹고 싶어요. 언제 다 되는 거예요?"

"다 됐어요. 얼른 식탁에 숟가락이나 놓으세요. 아가씨."

"압력 밥솥에 하니 밥은 정말 빨리 되는군요."

"생각할수록 우리 옛 어른들은 대단해."

"갑자기 왜 옛 어른들 이야기가 나와요?"

"시골 할머니 댁에서 가마솥 봤지?"

"소죽 끓일 때 쓰는 커다란 솥 말이죠?"

"그게 바로 압력솥의 원리를 이용한 거지. 아무리 수증기의 힘이 세더라도 그 무쇠 솥뚜껑을 들어 올리기는 힘들 테니 자연스레 압력 밥솥의 효과가 나는 거야. 어머니가 갓 결혼했을 때는 가마솥에 밥을 했었거든. 물론 할머니 옆에서 거들기만 했지만. 그때 할머니께서 솥에 김이 나면 행주로 솥뚜껑을 자꾸 닦으시기에 왜 그러냐고 물으니 그렇게 하면 밥맛이 좋다고만 하셨는데 나중에 알고 보니 굉장히 과학적인 행동이셨어."

"과학적인 행동이요?"

"찬 행주로 솥뚜껑을 닦으면 뚜껑에 닿는 수증기가 물방울로 변할 거고 그 물방울들이 솥 가장자리로 흘러내리게 되니 솥과 뚜껑 사이를 단단히 막아 주는 역할을 하게 되는 거야."

"그러면 솥 안의 수증기가 새 나가기 힘들게 될 테니 압력을 높이는 결과가 된단 말씀이군요."

"그렇지. 우리의 옛 어른들은 압력이니 끓는점이니 하는 것은 모르셔도 압력 밥솥의 원리를 생활에 너무나 잘 이용하고 계셨던 거야."

"대단하네요, 정말."

오늘은 어떤 실험해요?

실험 1 앗! 나는 마법사

준비물   물이 든 컵, 엽서 정도의 빳빳한 종이

방법   ❶ 물이 가득 든 컵에 종이를 얹는다.

      ❷ 컵을 거꾸로 세운다. 이때 종이를 손으로 받쳤다가 떼는 것이 안전하다.

      ※ 주의 : 엽서에 손을 받치고 거꾸로 세운 다음 손을 떼는 것이라면 물을 컵에 가득 넣

        을 필요는 없다.

이건 알이지... 거꾸로 세워도 컵 속의 물이 떨어지지 않는 것은 공기의 압력이 종이를 아

래에서 위로 밀어 주고 있기 때문이다. 공기의 존재와 힘을 확인할 수 있는 실험이다.

풍선을 불었다가 놓았을 때 모든 방향에서 같이 줄어드는 것도 기압이 모든 방향에서

작용한다는 것을 알려 준다.

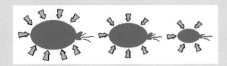

실험 2 병 속에도 공기가 있었니?

준비물   페트 병, 뜨거운 물

방법   ❶ 페트 병에 뜨거운 물을 붓고 뚜껑을 닫은 후 잠시 둔다. 이때 너무 뜨거운

　　　 물을 부으면 페트 병이 열에 의해 변형을 일으키므로 너무 뜨겁지 않은 물

　　　 을 사용한다.

　　 ❷ 뚜껑을 열고 물을 버린 후 다시 뚜껑을 닫고 페트 병의 변화를 관찰한다.

　　　 공기는 눈에 보이지는 않지만 어느 곳이든 존재한다. 여기서는 페트 병 속
에도 공기가 있다는 것을 확인해 보는 실험으로, 뜨거운 물이 페트 병 속의 공기를 데
워 주기 때문에 공기의 부피가 늘어난다. 따라서 페트 병 속에 있던 공기의 일부가 병
밖으로 나가게 되고 뜨거운 물을 쏟고 난 후 그냥 두면 온도가 내려가면서 페트 병
속의 공기 부피가 줄어들어 병 속의 압력이 낮아지고 따라서 페트 병이 찌그러든다.
이것으로 페트 병이 형태를 유지하는 것은 페트 병 안팎의 공기 압력이 같기 때문임
을 알 수 있다.

실험 3 풍선은 천하장사?

준비물 종이컵, 얼음을 넣은 찬물, 따뜻한 물, 풍선

방법 ❶ 종이컵에 따뜻한 물을 조금 부어 둔다.

　　 ❷ 풍선에 얼음 몇 조각을 넣은 찬물을 붓는다.

　　 ❸ 종이컵의 따뜻한 물을 버리고 풍선을 컵에 대고 누른다.

　　 ❹ 풍선을 든다.

공기는 열에 의해 팽창하거나 수축을 하게 된다. 따뜻한 물에 의해 컵 속의 공기가 팽창하게 되는데 이때 공기의 일부가 밖으로 나가면서 컵 속의 공기는 적어진다. 물을 버리고 찬 풍선으로 컵의 입구를 막아 버리면 컵 속의 공기가 식으면서 수축하게 되어 컵이 풍선을 잡아당기는 것이다.

실험 4 같은 요오드와 만났는데 왜 다를까?

준비물 밥, 감자, 양파, 요오드

방법 ❶ 감자와 양파는 조각을 내 전자렌지에 1분 정도 익히고 밥은 따뜻한 것으

로 준비한다.

❷ 감자, 양파, 밥에 요오드를 떨어뜨리고 색깔 변화를 관찰한다.

이건
말이지... 감자와 밥은 요오드에 진한 보라색으로 색이 변하는데 양파는 변하지 않는

다. 감자, 양파, 쌀은 식물의 저장 기관이지만 저장 탄수화물의 종류가 다르다. 감자와

쌀은 녹말, 양파는 포도당의 형태로 저장하기 때문이다.

4 잡채

밀도

부피가 크다고 다 무거울까?
밀도가 커야 무겁지!

뻥튀기 과자를 만드는 데는 쌀 한 숟가락만 있으면 된단다. 뻥튀기 과자와 쌀 한 숟가락 중 어느 것이 더 무거울까? 부피가 커지면 질량도 증가하는 것일까? 하늘 높이 떠 있는 애드벌룬이 날아가지 못하도록 묶어 놓기 위해서는 애드벌룬보다 부피가 큰 물체가 있어야 할까? 부피는 작지만 밀도가 큰 물체가 있어야 할까? 밀도가 큰 것? 과학 교과서에서 밀도 계산은 어지간히도 아이들의 머리를 복잡하게 만든다 싶지만 의외로 간단하다. 공식으로 밀도를 만나는 대신 우리 주변 곳곳에 숨어 있는 밀도를 이용한 것들을 찾아낸다면 밀도만큼 쉬우면서도 고마운 것이 없다는 것을 알게 될 것이다. 고맙기까지나? 할지 모르지만 밀도를 알면 과학이 보인다는 말씀.

. . . .

"잡채 만드는 게 번거롭다는 사람들도 있는데 나처럼 한꺼번에 볶으면 간단해."

"요리책에 보니까 각각의 야채를 따로 볶으라고 되어 있던데 이렇게 해도 되는 거예요?"

"꼭 책대로 할 필요는 없어. 고기만 따로 볶고 이렇게 왕창 같이 볶아도 맛있어. 할머니 생신 때 만든 엄마의 잡채가 너무 맛있다며 식구들이 많이 먹는 바람에 모자라곤 하잖아. 내게 잡채는 쉽고 간편하면서도 맛있는 음식이야. 자, 준비된 재료들을 볶아야겠지? 가스 불 켜고."

"그런데 궁금한 게 있어요."

"우리 궁금이 아가씨는 뭐가 또 궁금해?"

"진주 이모 집에 갔을 때 이상한 게 있었어요. 이모 집에는 가스가 새면 알려 주는 경보기가 식탁 다리 있는 데 붙어 있었거든요. 윤서가 만지면 위험할 텐데 왜 그렇게 밑에다 달아 뒀어요? 외할머니 집처럼 천장 부근에 달아 두면 좋을 텐데. 아기가 만지지 못하게 말이에요."

"그건 이모 집과 할머니 댁에서 사용하는 연료의 종류가 다르기 때문이지. 이모 집은 LPG, 할머니 댁은 LNG, 즉 보통 도시가스라 부르는 것을 연료로 쓰기 때문이야."

"가스 종류가 다른 거랑 경보기 다는 위치랑 무슨 상관이에요?"

"LNG와 LPG 가스는 밀도가 다르단다. 쉽게 말해 볼까. 여러 종류의 가스 중 공기보다 가벼운 것은 위로 올라가고, 공기보다 무거운 것은 아래로 내려가는 성질을 가지고 있어. 엄마가 바로 보여 줄게. 컵에 물을 붓고 물엿을 부어 볼게. 어떻게 되지?"

"물엿이 물 아래로 들어가서 물엿과 물이 나누어졌어요."

"이번에는 식용유를 붓고 당근 조각을 넣어 볼게. 각각 어디에 가게 되는지 잘 봐."

밀도에 따른 물질들의 위치 차이

"식용유는 물 위에, 당근은 물과 물엿 사이에 갔어요. 신기해요."

"포장용 스티로폼을 조금 잘라서 넣어 보면 어디로 갈까?"

"식용유 위에 뜰 거예요. 맞죠."

"자, 이번에는 간장을 부어 볼 테니 어떤 변화가 생기는지 봐."

"간장은 물과 섞여 버렸는데, 당근이 이번에는 위로 올라와서 식용유 바로 아래에 있어요."

"그렇지? 각 물질마다 자신이 가지는 밀도라는 것이 있어."

"밀도요?"

"작지만 무거운 것이 있고 크면서 가벼운 것도 있잖아. 스티로폼 같은 것은 부피가 아주 커도 질량은 그리 크지 않거든. 그리고 한 가지 물질의 부피나 질량은 상황에 따라 바뀌니까 부피나 질량으로 물질을 이야기할 수는 없단다. 밀도는 '질량/부피'으로 나타내는데 부피와 질량이 같은 물은 밀도가 1g/ml야. 여기서 단위를 한번 잘 봐. 과학에서 단위는 참으로 중요한데 아이들은 이 단위를 무척 어려워하거든. 밀도가 '질량/부피'이니까 단위도 그대로 '질량의 단위(g)/부피의 단위(ml)'를 써 주면 되는 거야. $\frac{g}{ml}$을 g/ml으로 나타낸 것이거든. 컵 속의 물질들이 다른 위치에 있는 것은 밀도가 다르기 때문이야. 물엿이 가장 밀도가 크고 당근, 물, 식용유, 스티로폼의 차례로 밀도가 작은 거지. 당근은 물보다는 밀도가 크지만 간장보단 작기 때문에 위치가 바뀌게 된 거고. 냉동실에서 얼음 몇 개만 꺼내 올래?"

"왜요?"

"얼음은 물이 언 것이잖아. 단지 상태가 변한 것뿐이지. 액체에서 고체로. 가져와서 물이 든 컵에 넣어 봐."

"그런데 왜 얼음이 뿌옇게 보여요? 얼음 가게에서 파는 것은 투명하던데?"

"그건 물 속에 공기가 들어 있는 상태로 얼렸기 때문이야. 가게에서 파는 얼음이 투명한 것은 공기를 빼 내고 얼렸기 때문이지. 얼른 얼음을 넣어 봐. 어떻게 됐어?"

"얼음이 물에 떠 있어요."

"그렇지? 그럼 얼음은 물보다 밀도가 큰 것일까 작은 것일까?"

"작아요. 얼음도 물인데 밀도가 달라지네요?"

"한 가지 물질도 상태가 변하면 밀도가 달라지는데 액체에서 고체로 변하면 대부분의 물질은 밀도가 커지게 돼. 하지만 물은 도리어 밀도가 작아져서 얼음이 물에 뜨게 되는 거지. 그런데 물질의 상태가 변한다고 해서 질량이 변하지는 않아. 그럼 뭐가 변한다는 걸까? 밀도가 '질량/부피'이라고 했었던 거 기억하지?"

"그럼 부피가 변하는 건가요?"

"그렇지. 상태가 변하면 물질의 부피가 변하는데 보통은 기체의 부피가 가장 크고 액체, 고체가 될수록 부피가 작아져. 그래서 액체가 고체가 되면 부피가 작아지니까 밀도는 커지는 거야. 또 정신이 없어지지?

$$\frac{10}{10} = 1, \ \frac{10}{5} = 2, \ \frac{10}{1} = 10$$

이렇게 질량은 변하지 않는데 부피가 적어지니까 어때? 그 값이 커지겠지? 따라서 기체나 액체가 고체로 되면 부피 적어지니까 밀도가 커지는 거야. 하지만 반대로 커지면 어떻게 될까?

$$\frac{10}{10} = 1, \ \frac{10}{20} = 0.5, \ \frac{10}{100} = 0.1$$

질량은 그대로인데 부피가 커지면 밀도는 작아지겠지. 하지만 물은 특별하게 액체 상태에서 얼음인 고체로 될 때 도리어 부피가 커져. 그건 우리 일상생활에서도 경험하잖아. 여름에 페트 병에 물을 너무 많이 넣어서 얼렸던 거 기억하니?"

"네. 병이 빵빵해지고 밑으로도 볼록하게 튀어나와서 병이 서지도 못했어요."

물이 얼면서
부피가 증가

"유리병의 경우 터지기도 하지. 얼면서 부피가 늘어나 그렇게 되는 거니 물을 조금 덜 채워 얼려야 하는 거야. 날씨가 추워지면 수도관이 얼어서 터지는 것도 같은 현상이고. 결론을 이야기하면 얼음은 물보다 부피가 커지고 그로 인해 밀도가 작아져서 물 위에 뜨게 되는 거지. 그럼 얼음의 밀도는 얼마나 될까? 빙산의 일각이라는 말 들어 본 적 있니?"

"보이는 것은 정말 작은 부분이고 숨겨진 부분이 훨씬 많다는 걸 이야기할 때 쓰이는 말이잖아요."

"그 말이 물과 얼음의 밀도를 이용한 아주 과학적인 말이라는 거 아니? 얼음의 밀도는 약 0.92g/ml거든. 그러니 얼음은 92% 정도는 물 속에 잠겨 있고 8% 정도가 물 밖으로 나와 있다는 이야기니 빙산의 일각이 왜 과학적인지 알겠지?"

"왜 얼음은 다른 것과 달리 밀도가 작아져요?"

"물은 특이한 결합을 하고 있어서 4℃일 때가 부피가 가장 작아지고 따라서 밀도는 가장 커. 얼음이 되면 밀도가 작아지는 것은 물이 얼 때 다른 물질과는 달리 물 분자들이 중앙에 빈 공간을 만들기 때문에 부피가 커져. 질량은 변하지 않고 부피만 커지니 밀도가 작아지는 거야. 이건 물 속 생물들이 살아가는 데 참 중요해. 호수에 물고기들이 살고 있는데 겨울이 되면 어떨까? 얼음이 물보다 밀도가 크다면 얼음은 호수 바닥으로 가라앉고 또 다시 물 표면에서 얼음이 얼면 바닥으로 가라앉게 되겠지. 그러면 호수는 순식간에 전체가 꽁꽁 얼어 버리게 될 거야. 하지만 얼음이 물보다 밀도가 작아 물에 뜨기 때문에 호수는 표면만 얼게 되고 얼음이 차가운 겨울 공기와 호

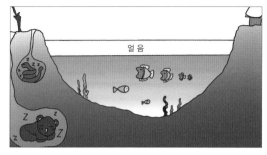
겨울철 호수의 물고기들

수의 물 사이를 막아 주는 역할까지 해 주어 겨울에도 호수의 물고기들이 죽지 않고 살 수 있는 거지."

"정말 신기해요. 물고기들이 얼음 위로 밀려 나와서 죽지 않고 도리어 얼음 때문에 물 속이 따뜻해지겠어요."

"물질마다 밀도가 다르고 그 밀도 때문에 물질의 위치도 달라진다는 것을 알겠지? LPG는 공기보다 무겁고 LNG는 공기보다 가벼워. 그럼 이모 집과 할머니 댁에서 어떤 연료를 사용하는지 알겠지?"

"네, 이모 집은 LPG, 할머니 댁은 LNG."

"밀도는 우리 생활에 정말 많이 쓰여. 쌀 씻을 때 물을 사용하잖아. 쌀은 물보다 밀도가 크지만 겨는 물보다 밀도가 작아서 물에 뜨니까 물에 씻어 겨를 분리시킬 수 있고, 달걀이 신선한 것인가를 알아보는 방법으로 소금물을 사용하기도 해. 오래된 달걀은 달걀 안에 공기집이 커져서 신선할 때보다 밀도가 작아지거든. 소금물에 넣어 가라앉으면 신선한 것, 위로 뜨면 오래된 것으로 구분할 수 있지. 그리고 튀김을 할 때 가라앉았던 것이 위로 떠오르면 다 튀겨졌다고 하잖아. 그것 역시 밀도가 달라져서인데 뜨거운 기름의 열로 튀김 재료 속에 들어 있던 수분이 빠져나가니까 질량이 줄어들고 그로 인해 밀도가 작아져서 위로 떠오르는 거야.

달성공원에 가서 산 풍선은 실 아래에 무거운 물체를 달아 놓았던 거 기억해? 풍선에 공기보다 가벼운 헬륨 기체를 넣어 놓았기 때문이야."

"커다란 배가 물에 뜰 수 있는 것도 바로 밀도를 이용한 거지. 배 안에 빈 공간을 만들어 부피를 크게 하면 배의 밀도가 작아져서 물에 뜨게 되는 거야. 병에 든 음료수들 보면 왜 병에 가득 들지 않고 조금 적게 들어 있잖아."

"맞아요. 음료수 회사 나쁜 사람들이야. 가득 넣어 주면 좋을 텐데."

"그게 아니야. 만약 처음부터 병에 가득 담겨 있다면 그 병은 대부분 터져 버리게 될 거야. 물은 온도가 올라가면 부피가 커지거든. 그러면 병뚜껑이 저절로 뻥 하고 열리거나 병이 깨져 버릴 수도 있어."

"그런 이유였어요? 과학을 알아야 음료수 회사도 운영을 하겠군요. 마음씨 좋은 사장님이라면 병 가득 담아 줄 거라 생각했는데. 마음씨 좋은 사장님이 아니라 과학을 모르는 사장님이나 할 수 있는 일이네요. 밀도는 어렵기만 한 줄 알았는데 우리 생활 속에 참 유용하게 쓰이는 것 같아요. 하지만 밀도 = 질량/부피, 이런 공식은 무서워요. 멀리 멀리 도망가고 싶다니까요."

"그래? 멀리 도망가면 잡채 못 먹을 텐데. 이제 다 됐는데."

"아니에요. 도망 안 가요."

이건알자

"물의 밀도가 1g/ml이니까 생수 병에 든 물의 질량을 금방 알 수 있겠지?"

"1.8l라고 되어 있는데 1.8그램(g)이에요?"

"아니. 1.8킬로그램(kg)이야. 왜냐하면 l는 ml의 1000배를 말하거든. 그러면 단위를 같은 수준으로 맞춰 줘야 해. g의 1000배인 kg을 써 줘야 하는 거지. 복잡해 보이지? 네가 말한 대로 한번 적어 보면 이렇게 되니까 틀린 것을 금방 알 수 있을 거야.

$$\frac{1.8g}{1.8\,l} = \frac{1.8g}{1.8 \times 1000\,ml}$$

단위를 같은 수준으로 맞추니 금방 틀리다는 것을 알 수 있지?

위의 등식이 성립이 되려면 이렇게 되어야 해.

$$\frac{1.8kg}{1.8\,l} = \frac{1.8 \times 1000\,g}{1.8 \times 1000\,ml} = \frac{1.8kg}{1.8\,l}$$

단위는 이렇게 정확하게 맞춰 주어야 해. 사소한 것 같지만 아주 중요한 부분이야."

오늘은 어떤 실험해요?

실험 1 밀도를 구하라

준비물 달걀, 스티로폼, 저울, 큰 그릇, 계량컵, 접시

방법 ❶ 달걀과 스티로폼의 부피를 비교해 본다.

❷ 달걀의 질량(무게)을 잰다.

❸ 계량컵에 물을 부어 물의 부피만 잰다.

❹ 달걀을 넣어 늘어난 부피로 달걀의 부피를 계산한다.

❺ 스티로폼의 질량을 잰다.

❻ 자로 가로, 세로, 높이를 재어 가로×세로×높이로 스티로폼의 부피를 계산한다.

❼ 달걀과 스티로폼의 밀도를 계산한다.

❽ 큰 그릇에 물을 담고 달걀과 스티로폼을 넣어 두 물체의 위치를 알아본다.

이건 알이지 부피가 크다고 해서 무거운 것은 아니다. 물체의 밀도를 알기 위해서는 질량과 부피를 알아야 한다. 스티로폼처럼 모양이 일정한 고체의 부피는 쉽게 계산할 수 있지만 달걀처럼 모양이 일정하지 않은 고체는 물을 이용하여 부피를 측정한다. 우선 물의 부피를 잰 뒤 불규칙한 모양의 고체를 넣었을 때 늘어난 부피가 그 물체의 부피인 것이다.

질량을 측정하기 위해서는 윗접시 저울이나 양팔 저울을 사용해야 하지만 중력이 같은 곳이니 집에 있는 용수철 저울을 사용해도 좋다.

5 볶음밥

세포 구조와 세포 분열, 분자, 원자

동물은 전체가,
식물은 특정 부분만 자라지

어린 시절 볼록하게 나온 배를 보며 아버지는 걱정 말라며 나중에 전부 키가 될 거라고 하셨어. 그 말씀에 이 배가 전부 키가 된다면 2m는 넘을 거라는 생각에 위로는커녕 더커져 버린 걱정으로 잠을 이루지 못했던 시절이 있었지. 사람이 평생동안 계속 자란다면 키가과연 얼마나 될까? 고맙게도 동물은 식물들과 달리 어느 시기가 되면 성장을 멈추게 되지. 그리고 아무리 키가 큰 사람이라도 그 몸의 기본 단위는 세포란다. 생명체의 근원이라 할 수 있는 세포에 대한 공부는 결국 우리 자신에 대해 알아보는 것이 될 거야. 세포가 생명체의 단위이듯 물질 세계에도 비슷한 것이 있어. 원자와 분자 중 물질의 성질을 가지고 있는 것은 무엇일까? 생명체는 물질 세계와 떨어져 살지 못하니 세포와 원자, 분자에 대해 함께 알아보기로하자.

● ●

"감자와 양파를 잘게 썰어 줄래?"

"뭐 하실 건데요?"

"볶음밥. 냉장고에 이것저것 조금씩 남은 것들이 많을 때는 볶음밥으로 처리하는 게 최고거든."

"감자는 이렇게 썰면 되죠? 반으로 자르고 다시 반으로."

"아니, 그렇게 말고. 아니 아니 그렇게 썰어."

"왜 이랬다저랬다 하세요?"

"감자를 반으로 썰면 몇 조각이 되지?"

"그걸 질문이라고 하세요? 두 조각이지요."

"그럼 그 둘을 다시 반으로 썰면?"

"네 조각이요. 무슨 말씀을 하고 싶으세요?"

"사람은 여러 개의 세포로 되어 있는 다세포 동물이잖아. 하지만 맨 처음에는 하나의 세포에서 시작을 했거든."

"맞아요. 책에서 보니 하나였는데 자꾸자꾸 나누어져서 많은 세포가 되었다고 했어요."

"정자와 난자가 수정해서 수정란이 되지. 이 수정란은 하나의 세포인데 분열을 계속해서 많은 세포를 만들게 되고 그 세포들이 모여 조직, 기관을 형성하여 태아의 모습을 완성하게 되는데 그것을 '발생'이라고 해. 감자가 둘로 넷으로 여덟으로 자꾸만 나누어지는 것과 같은 과정으로 세포 분열이 진행되는 거야. 네가 썬 감자처럼 세포 수는 많아지면서 그 크기는 작아지지. 좀 잘 썰어 봐."

"이 정도면 잘 썬 거예요. 당근도 썰까요?"

"모든 재료들을 다 썰어야 볶음밥을 만들지. 계속해 줘. 아기가 태어나서 성장하는 과정에서도 세포 분열은 일어나. 네가 키가 크고 살이 찌는 것도 바로 몸의 세포들이 분열해 세포 수가 많아지고 세포들의 크기가 커지고 있다는 거거든. 그것을 '생장'이라고 하는데 생물만이 가지는 특징이지. 네가 들고 있는 칼은 나날이 자라지 못하지."

"으~~~ 살찌는 건 싫은데."

"사람을 비롯해서 동물은 몸 전체에서 생장을 해. 어릴 때는 생장 속도가 빠르다가 점점 느려지지. 개인적인 차이는 있겠지만 보통 사춘기 이후에는 더 이상 생장하지 않아. 그러나 식물은 동물과는 달리 보통 계속해서 생장하며, 몸 전체에서 생장이 일어나는 것이 아니라 몇 군데 특정한 부분에서만 생장하는 것이 차이야."

"그게 어디예요?"

"식물에서 길게 자라는 부분이 어딘지 생각해 봐."

"뿌리와 줄기가 자라잖아요."

"저기 있는 양파를 좀 봐. 처음 컵 위에 올렸을 때 기억하지? 지금은 너무 많이 자라 핀까지 꽂아 두었잖아."

"핀 꽂은 양파는 세상에서 우리 집 양파뿐일 거예요. 어머니만이

양파의 성장 모습

할 수 있는 일일 테니까요."

"그런가? 식물은 줄기와 뿌리 끝에 생장점이라는 것이 있어서 길이 생장을 해."

"식물은 뚱뚱해지지 않겠네요? 길게 자라기만 하니까."

"길이 생장만 하는 건 아니야. 뿌리나 줄기에 형성층이라는 것이 있어서 부피 생장, 즉 굵어지기도 해. 나무의 나이테는 형성층의 생장 속도가 계절에 따라 다르기 때문에 나타나는 거야."

"형성층이 문제군요. 어머니 뚱뚱한 것도 형성층 때문인가요?"

"이런, 넌 이제까지 어머니가 식물인 줄 알고 있었니?"

"땀이 삐질삐질."

"동물과 식물은 몸을 구성하는 가장 작은 단위인 세포에서부터 달라. 가장 큰 차이는 핵 속에 들어 있는 유전 정보의 차이겠지만 세포 속의 성분들도 많은 차이가 있지. 식물 세포에는 엽록체가 있어 광합성을 하지만 동물 세포에는 없거든. 그러니 당연히 광합성을 하지

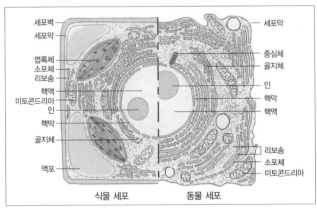

식물 세포와
동물 세포의 비교

못하는 거고. 그런 차이들로 인해 동물과 식물이 다른 것이고."

"엽록체가 있어 광합성을 할 수 있게 되는 게 어머니 소원 중 하나 잖아요. 생각만 해도 너무 웃겨요. 초록색 어머니라. 상상만 해도 진짜 웃겨요."

"우리 모두가 초록색이면 아무 문제가 없다니까 그러네."

"그래도 전 초록색 피부는 싫어요. 으~~~ 징그러워."

"세포는 크게 두 부분, 원형질과 후형질로 나눠. 원형질은 핵과 세포질로 구성되어 있는데 세포질에는 다양한 기능의 세포소 기관들이 있어. 생물이 살아가는 데 있어 기본적인 작용을 하는 핵, 세포막, 미토콘드리아 등은 동식물 세포 모두에 존재하지만 우리가 잘

세포소 기관의 종류와 기능

세포소 기관	기능
핵	유전, 물질 합성 등 세포 내 생명 활동의 가장 중요한 역할을 하며 세포에서 일어나는 일을 조절 통제한다.
미토콘드리아	생명 활동에 필요한 에너지(ATP)를 만들어 낸다.
리소좀	세균 같은 것을 분해하고, 노화되고 손상된 세포소 기관을 파괴한다.
소포체	주머니 모양의 구조물이 여러 개가 겹쳐진 것으로 일부는 핵막과 세포막에 연결되어 세포 내의 물질 이동 통로 및 세포 기관의 지지 작용을 한다.
골지체	세포가 합성한 여러 물질을 일시적으로 저장하여 분비하고 리소좀을 생산한다.
세포막	세포의 내부를 보호하고 세포 안과 밖으로의 물질 출입을 조절한다.
리보솜	단백질 합성 장소이다.
중심체	세포 분열 때 방추사를 만든다.
세포벽	세포막 바깥에 있고 세포 지지의 역할을 한다.
엽록체	광합성의 장소가 된다.
액포	성숙한 식물 세포에 발달되어 있다.

물렁한 뼈(연골)의
세포

딱딱한 뼈(경골)의
세포

민무늬근 세포 :
내장, 심장 등

적혈구 : 붉은 색소를 가지며 산소,
이산화탄소를 운반하는 역할

알고 있듯이 동물과 식물은 많은 차이점을 가지고 있지. 그러니 세포 구성도 똑같진 않아. 식물 세포에는 세포의 모양을 일정하게 유지하기 위한 두꺼운 세포벽이라는 것이 있어. 뼈가 없으니 그런 것이 있어야겠지? 또 광합성을 하는 엽록체와 노폐물을 저장하는 액포도 식물 세포에만 있어. 동물 세포는 세포막만 있지 세포벽은 없고 어머니가 원하는 엽록체도 없고 액포도 없어. 반면 대사 세포 분열 때 중요한 역할을 하는 중심체는 동물 세포에만 있지."

"우리 몸은 굉장히 많은 작은 세포들로 구성되어 있는데 세포 하나가 아닌 여러 개로 구성되어 있어 좋은 점이 있을까? 만약 우리 몸이 하나의 세포로 되어 있다고 생각해 봐."

"말도 안 돼요. 그럼 입도 코도 손도 발도 구분이 없잖아요. 우리 몸이 썰지 않은 이런 감자 하나 같다는 건 상상할 수도 없어요."

"감자도 하나의 세포로 되어 있는 것은 아니야. 식물도 대부분 많은 세포들로 구성되어 있어."

"감자는 그냥 하나의 세포 같아 보이는데 이것도 여러 개의 세포로 되어 있단 말이에요? 잘 구분이 안 되는데요."

"대부분의 세포들은 너무 작아 현미경으로 관찰해야 보여. 작은 세포들이 모여 하나의 생명체를 구성할 때 가장 좋은 점은 다양한 분화가 가능하다는 거지. 우리 몸을 살펴보면 하는 일에 따라 생김

새가 많이 다르잖아. 이처럼 몇 개의 큰 조각보다는 작은 조각을 냈을 때 그 조각들로 다양한 모양을 만들 수 있는 것과 같은 거지. 그리고 각 부분에 따라 세포의 모양이나 크기도 다양하고. 1m나 되는 신경 세포도 있지만 대부분은 몇 마이크로미터(㎛) 크기야. 백과사전에 보니 사람 세포의 평균 크기가 17마이크로미터 정도라고 되어 있더구나.”

“마이크로미터가 뭐예요?”

“그건 길이를 나타내는 단위인데 1㎛가 0.01mm라고 하니 보통 우리가 사용하는 자의 가장 작은 눈금을 100개로 나누었을 때 그 한 눈금이 되는 거야.”

“네에~~. 그렇게 작은 눈금도 있어요? 그럼 1cm를 1000개로 나누었을 때 한 눈금이라는 말이잖아요. 세상에나.”

“맞아. 센티미터와 비교하니 더 빨리 와 닿는구나. 어머니보다 낫네.”

“그런데 생물만 세포로 되어 있는 거예요?”

“그렇지. 세포는 생물체의 가장 작은 구성 단위를 말하는 거야. 물질은 약간 다른데 이 기회에 같이 알아보기로 하자.”

원자와 분자 구분? 그 물질의 성질을 갖고 있나 물어봐!

“칠판에 그린 거, 이게 뭐예요?”

“원자 모형을 간단하게 그린 거야.”

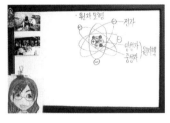
원자 모형

"원자요? 이게 물질의 가장 작은 단위예요?"

"세포가 가장 작은 단위라고 했지만 세포 속에 핵과 미토콘드리아 같은 것들이 있었잖아. 그것과 비슷한데 물질에서는 물질의 성질은 가지고 있으면서 가장 작은 단위로 분자라는 것이 있어. 분자를 더 작게 나눌 수는 있는데 그러면 그 물질로서의 성질을 잃어버리게 되지. 원자는 물질의 성질을 가진 분자를 쪼갠 것으로 물질을 이루는 가장 작은 단위야."

"분자는 또 뭐예요? 뭐가 그렇게 복잡해요?"

"눈에 보이지 않는 개념이니 차근차근 같이 알아보기로 하자. 원자를 이야기하려면 원소부터 이야기해야 해.

원소란 철과 같이 더 이상 다른 물질로 분해되지 않는, 물질을 이루는 기본 성분이라고 하는데 지금까지 알려진 원소의 종류는 100여 종이야. 보통 우리가 말하는 산소, 수소, 탄소 같은 것이 원소에 해당하는 거지."

"그건 원자라고 하셨잖아요. 그럼 원자와 원소는 같은 말이에요?"

"그런 건 아니야. 이렇게 말하면 이해가 쉬울 거야. 어머니 차가 마티즈잖아. 그런데 세상에 마티즈는 어머니 차 단 한 대뿐일까?"

"아니오. 굉장히 많아요. 마티즈하고 무슨 상관이에요?"

"어머니의 차가 원자라면 마티즈라는 차 종류가 원소라는 거지. 물에도 산소가 있고 이산화탄소에도 산소가 있어. 물에 있는 산소 하나, 이산화탄소에 있는 산소 둘은 각각 원자, 세상의 모든 산소를 통칭하여 말하는 산소는 원소. 이해하겠니?"

"어려워요. 뭐가 그리 아리송해요? 어른들은 어렵게 만들기 대장 이라니까요."

"어렵게 만들기 대장? 틀린 말도 아닌 것 같다. 우선 원소 기호 몇 개만 예를 들어 볼까? H-수소, He-헬륨, Na-나트륨, Ca-칼슘. 우리 주변에 있는 물질들이 어떤 원소로 이루어져 있는지 알아보기 위한 방법으로 불꽃 반응이라는 것이 있는데 금속이나 그 금속을 포함한 물질을 불꽃에 대어 보면 금속 원소의 종류에 따라 각각의 특징적인 불꽃색을 나타내는데 이것을 불꽃 반응이라고 해. 불꽃 반응

불꽃 반응

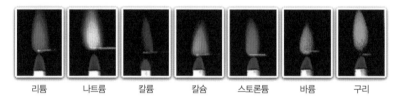

| 리튬 | 나트륨 | 칼륨 | 칼슘 | 스트론튬 | 바륨 | 구리 |

여러 가지 원소의 불꽃색

원소	불꽃색	원소	불꽃색
알루미늄(Al)	은색(백색)	구리(Cu)	청록색
나트륨(Na)	노란색	스트론튬(Sr)	빨강색
칼륨(K)	보라색	세슘(Cs)	청색
칼슘(Ca)	주황색	바륨(Ba)	황록색

은 아주 적은 양의 원소가 포함되어 있어도 잘 나타나므로 물질에 포함되어 있는 원소를 알아내는 데 효과적이야."

"단점도 있어. 비슷한 불꽃색을 나타내는 경우에는 사실 구별하기 힘들거든. 아참, 중요한 거! 물질이 다른 물질로 변해도 물질의 구성 원소는 다른 원소로 변하거나 없어지지는 않아."

"그림으로 그린 것은 원자 모형이라고 하셨죠?"

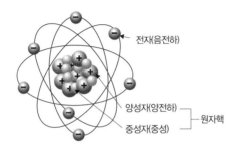

"응. 원자는 그림으로 그린 것처럼 원자핵과 그 주위를 돌고 있는 전자로 이루어져 있어. 이건 모형이라는 걸 기억해. 원자는 너무나 작거든. 수소 원자의 지름이 약 1×10^{-8}cm라 하는데 얼마 정도인지 감이 안 오지? 엄마 새끼 손톱의 길이가 1cm 정도야. 이 길이를 만들기 위해 수소 원자가 1억 개나 필요하다고 생각하면 돼."

"1억 개가 모여야 겨우 1cm? 그렇게 작아요?"

"그렇게 작은 원자는 양전하(+)를 띤 양성자와 전기적으로 중성인 중성자로 된 원자핵과 원자핵 주위를 아주 빠른 속도로 돌고 있고 있는 음전하(−)를 띤 전자로 구성되어 있어. 양성자의 수에 의해 원소의 종류가 결정되는데 보통은 양전하의 수와 음전하의 수가 같기 때문에 전기적 중성의 상태이지. 원자 모형과 구성은 기억해 두는 것이 좋아. 많은 부분이 이 원자로 인해 설명되어지거든. 물은 분자일까 원자일까?"

"분자 아님 원자? 모르겠어요."

"좀전에 얘기했지. 분자는 물질의 고유한 성질을 그대로 지닌 가장 작은 입자라고. 물을 더 쪼개면 수소 원자 두 개와 산소 원자 한 개로 나누어지게 돼. 그러면 더 이상 물이 아닌 거지. 이처럼 그 물질의 성질을 가지면서 가장 작은 것을 분자라고 하며 몇 개의 원자들이 모여 만들어져. 보통 산소를 O_2라고 하잖아. 그건 정확히 말하면 산소 분자라는 거야. 산소 원자 두 개가 결합된 상태를 의미하는 거니까. 원자와 분자가 다르다는 거 알겠지?"

"이산화탄소도 분자예요? CO_2라고 하잖아요. 탄소 원자 한 개와 산소 원자 두 개가 결합한 분자라는 거죠?"

"스스로 알아내는 게 너무 많아서 얼마나 기쁜지 모르겠어. 너무 잘 하는데. 그렇게 원소 기호와 숫자를 써서 분자 한 개를 구성하는 원소의 종류와 수를 나타낸 것을 분자식이라고 해. 우리가 썰어 놓은 볶음밥 재료로 분자 모형을 만들어 볼까?"

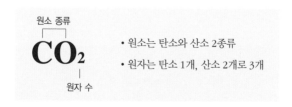

원소 종류
CO_2
원자 수

• 원소는 탄소와 산소 2종류
• 원자는 탄소 1개, 산소 2개로 3개

"제가 해 볼게요. 감자를 산소, 당근을 수소라고 하면 썰어 놓은 조각 하나하나가 원자니까 이렇게 감자 두 조각을 붙여 놓으면 산소

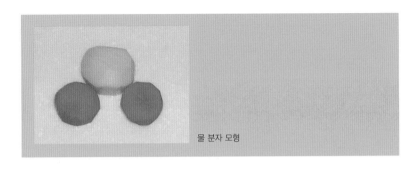

물 분자 모형

분자가 되는 거죠? 물 분자를 만들어 볼게요. 수소 원자 두 개가 있어야 하니까 당근 조각 두 개, 감자 조각 하나를 가지고 와서 감자를 중간에 두고 이렇게 양쪽에 당근을 하나씩 붙이면. 됐죠? 너무 재밌어요."

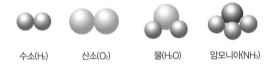

수소(H₂)   산소(O₂)   물(H₂O)   암모니아(NH₃)

분자 모형의 예

"정말 너무 잘 하는구나. 그럼 이산화탄소 분자 모형도 만들어 볼래?"

"탄소가 있어야 하니, 햄을 탄소라 하면 되겠어요. 어때요? 잘 만들었죠?"

"이렇게 만들어 보면 재미는 있지만 사실 복잡하고 번거롭잖아. 그래서 간단하게 분자식을 사용하는 거지."

"아이쿠 머리 아파. 원소, 원자, 분자. 볶음밥 재료처럼 섞여 버렸어요."

실험 1 시금치가 남았으니! - 시금치엔 초록색만 있을까?

준비물   시금치, 절구, 아세톤, 종이컵, 매직, 고무밴드, 거름종이

방법   ❶ 시금치를 절구에 넣고 으깬다.

   ❷ 즙이 나올 정도로 으깬 시금치를 종이컵에 넣고 아세톤을 넣는다.

   ❸ 거름종이를 매직에 말아 고무밴드로 고정시킨 후 거름종이를 종이컵 안에
   세워 둔다.

이건
말이지...
시금치의 즙을 냈을 때 우리 눈에는 초록색으로만 보인다. 하지만 시금치에
는 엽록소a(황록색), 엽록소b(청록색), 크산틴(황색), 카로틴(황적색)이라는 색소가 들
어 있다. 거름종이에 나타난 색의 종류와 위치로 각각의 물질의 존재를 확인할 수 있
는데 이것을 종이 크로마토그래피라고 한다.

아세톤에 녹은 시금치의 색소가 아세톤이 거름종이를 이동할 때 함께 이동하게 되는
데 색소마다 용매에 녹는 정도와 분자량이 다르기 때문에 종이에 흡착하는 정도가 다

르다. 잘 녹고 분자량이 작은 것은 흡착력이 작아 멀리까지 이동하고 흡착력이 큰 것은 많이 이동하지 못하고 머물게 되어 각각의 색소가 다른 위치로 가게 되어 분리되는 것이다. 용매에 녹아 이동하는 속도가 상대적으로 차이가 나 분리되는 것인데 양이 너무 적거나 비슷한 성분들이 섞여 있을 때 사용한다.

운동선수들의 약물 복용 여부를 알아내는 도핑 검사도 크로마토그래피의 원리를 이용한 것이다. 선수들의 소변을 재료로 하여 크로마토그래피를 실시하면 소변 속에 존재하는 여러 성분들이 분리되어 약물 복용 여부를 판단할 수 있는 것이다. 병원에서의 소변 검사나 혈액 검사에 이 원리를 이용해 질병 여부를 알아내기도 한다.

관성, 지층과 층리

관성은 고집 센
엄마를 닮았어요

안전벨트를 해야 하는 이유를 관성의 법칙으로 설명할 수 있겠니? 이름처럼 안전을 위해서지 그것이 과학하고 무슨 상관이 있느냐고? 차가 갑자기 멈추었을 때 차에 타고 있던 사람의 몸이 앞으로 쏠리지 않고 뒤로 벌러덩 눕게 된다면 안전벨트를 안 해도 되겠지? 관성을 알아야 생명도 보호할 수 있는 거야. 그리고 우리의 생명이 소중한 만큼 우리가 살고 있는 지구의 소중함도 알았으면 해. 지구가 어떤 역사를 가졌는지 무엇으로 이루어져 있는지를 알면 좀 더 가깝게 느껴지고 그러면 더 관심을 가지게 될 거야.

"달걀 전부 다 삶았니?"

"네 개만 삶고 남겨 두었어요."

"삶은 달걀과 날달걀을 섞어 볼 테니 구별해 볼래?"

"알아요. 돌려 보면 된다는 거 책에서 봤어요. 삶은 달걀은 잘 돌아가는데 날달걀은 잘 돌지 않아요."

"직접 확인해 봐."

"진짜네요. 그런데 왜 그래요? 책에도 돌려 보면 안다고 되어 있긴 하지만 이유는 없던 걸요."

"이유가 뭘까?"

"그 이유는 없었다니까요."

"그러니까 네가 한번 생각해 보라는 거야. 힌트는 갑자기 멈춘 버스야."

"갑자기 멈춘 버스가 힌트라. 삶은 달걀은 기차가 힌트여야 하는 거 아니에요? 텔레비전 광고에 보니까 기차 안에서 달걀 먹는 거 나오던데."

"하여튼 생각이 어디로 뻗어갈지 종잡을 수가 없어."

"그럼 뜨거운 맛을 보고 겁이 나서 부지런해진 건가? 아님 혼날까 봐 뱅글뱅글 도는 건가?"

"도저히 감당할 수가 없군."

"도저히 알 수 없는 건 저라구요."

"달걀 안쪽의 상태가 고체인가 액체인가에 따라서 그런 결과가 나오는 거야. 삶은 달걀은 전체가 고체이니 밖에서 주는 힘이 빠르게 달걀 전체에 이동이 되어 밖과 안이 같이 잘 돌아가. 날달걀의 경우 껍질은 고체지만 안이 액체 상태이기 때문에 밖에서 주는 힘이 안으로 전달되는 정도가 약하게 되어 껍질은 빨리 돌고 안쪽은 천천히 돌게 되니까 안과 밖이 따로 돌게 되는 거지. 쉽게 설명하자면 훌라후프를 여러 개 동시에 돌리는데 각각이 서로 도는 속도가 다른 것과 같다고 생각하면 돼. 그런데 이번에는 달걀이 돌고 있을 때 살짝 잡았다 놓아 봐. 어떻게 되는지 잘 봐."

"이건 금방 멈추는데 저건 계속 돌고 있네요."

"어느 것이 삶은 것이고 어느 것이 날달걀일까?"

"멈춘 것이 날달걀이겠죠?"

"확인해 봐. 다시 돌려 보면 되겠지."

"어? 아니에요. 멈춘 것이 삶은 달걀이에요. 왜 이래요?"

"그것 역시 관성의 법칙에 의해서인데 삶은 달걀은 살짝 잡은 힘이 달걀 전체에 전달이 되기 때문에 금방 멈추는 거야. 하지만 날달걀은 잠깐 잡았다 놓아도 껍질에 주어진 힘이 안에 전달되는 정도가 약해서 안쪽 부분이 관성에 의해 계속 돌기 때문이지."

"복잡해요."

"관성은 간단해. 자동차를 탈 때 안전벨트는 왜 할까?"

"차가 갑자기 멈추었을 때 다칠까 봐 몸을 보호하기 위해서죠."

"차가 멈추면 왜 다치게 될까? 급정거할 때, 우리 몸이 어떻게 되는지 한번 설명해 볼래?"

"차가 갑자기 서면… 으음, 몸이 앞으로 가요. 그러면 머리가 차의 앞 유리에 부딪힐 수 있으니 안전벨트가 못 가게 잡아 주는 거잖아요."

"안전벨트가 없으면 차는 멈추었는데도 우리 몸은 앞으로 가게 되는 것, 그게 바로 관성이야. 자동차와 함께 움직이던 우리 몸은 차가 멈춘 후에도 계속 그 상태, 즉 움직이는 성질을 유지하고 싶어서 앞으로 나가게 되는 거야. 그러나 자동차가 다시 출발하면?"

"몸이 뒤로 확 넘어가요. 일명 발라당!"

"몸이 뒤로 젖혀지는 건 멈춰 있는 상태, 즉 정지 상태로 있고 싶

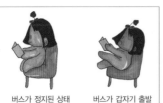

<table>
<tr><td>버스가 정지된 상태</td><td>버스가 갑자기 출발</td><td>달리고 있는 버스</td><td>버스가 갑자기 정지</td></tr>
</table>

정지 관성과 운동 관성

기 때문이지."

"관성은 고집이군요."

"그게 무슨 의미야?"

"그렇잖아요. 처음 상태로 계속 있고 싶어 한다면서요? 움직이고 있던 것은 계속 움직이고 싶어 하고 멈춰 있던 것은 계속 멈춰 있고 싶어 하니까 그게 바로 고집이잖아요."

"그렇다고도 볼 수 있겠네. 관성은 고집이라."

"안전벨트는 그런 관성으로부터 우리 몸을 보호해 주는 장치이기 때문에 차에 타면 조금 불편하더라도 꼭 해야 하는 거야, 알았지?"

"관성마다 차이가 있어요? 사람마다 고집이 다 다르잖아요. 최고의 고집은 당연히 어머니고요. 관성도 크기가 달라요?"

"좋은 질문이야. 사람마다 고집이 다른 것처럼 관성의 크기도 달라. 그것은 물체의 질량과 관계가 있는데, 어떻게 설명하면 좋을까? 옳지. 어머니와 정빈이가 그네를 탄다고 해 보자. 어머니와 정빈이의 질량은 많이 다르잖아."

"어머니가 세 배는 될걸요?"

"처음 그네에 앉았을 때는 정지해 있는 상태인데 이때 똑같은 힘으로 민다면 누구의 그네가 더 멀리 올라갈까?"

"그거야 당연히 가벼운 정빈이가 멀리 올라가죠. 어머니는 무거워서 거의 꼼짝도 안 할걸요?"

"그럼 이번에는 어머니와 정빈이가 그네를 신나게 타고 있는데 누군가가 그네 줄을 잡고 그네를 멈추게 한다면 누구의 그네가 금방 멈출까?"

"역시 정빈이 그네요. 가벼워서 줄을 잡기만 해도 그네가 멈출 테니까요. 아하, 알았어요. 질량이 적은 것이 고집이 덜 세군요. 어머니의 그네는 잘 움직이지도 잘 멈추지도 않잖아요. 질량이 커서 고집이 센 거예요, 맞죠? 그러니까 관성의 크기는 물체의 질량과 관계가 있는 거군요. 질량이 클수록 관성의 크기도 크다. 어때요? 저의 실력!"

"정말 놀라워. 대단해."

"사람의 고집도 질량, 즉 몸무게와 관계 있나요? 어머니를 보면 몸무게와 고집은 비례하는 것 같아요. 어머니 고집은 누구도 꺾지 못하잖아요."

"아직 그런 것에 대한 보고는 없는 것 같아. 네가 관심을 갖고 연구해 보는 건 어때? 기꺼이 실험 대상이 되어 줄 테니."

"관심 가지고 연구해 봐야 할 게 너무 많아 머리가 아프려고 해요."

"지하철이나 버스 안에서 달리는 쪽으로 걷는 것과 달리는 반대쪽으로 걷는 것 어느 것이 더 힘이 들까?"

"그거야 관성을 생각하면 쉽죠. 지하철이나 버스나 다 자기 고집을 피울 거 아니에요. 그러니 가는 방향으로 걸어야 덜 피곤한 건 말할 필요도 없지요. 고집 꺾으려면 좀 힘이 들어야 말이죠. 어머니처럼 절대로 안 꺾이는 고집은 정말 골치예요."

"뭐? 너 정말 너무 웃겨. 간단한 관성의 예를 들어 볼게. 여기 행주
에 물을 묻혀서 행주를 흔들면 어때?"

"물 튀어요."

"행주에 묻어 있던 물의 정지 관성 때문이지. 행주를 흔들면 행주
는 움직이지만 물에게는 직접 힘이 가해지지 않았으니 물은 정지한
상태로 있게 되고 행주와 물이 분리되는 거야. 우리가 옷을 털어 먼
지를 제거하는 것도 같은 원리고. 휴지통에서 휴지를 쏙 뽑을 때도
관성이 작용한단다."

"한 장을 잡아당기면 밑에 있는 휴지에는 직접 힘이 가해지지 않
아 남아 있으려고 하니까 한 장만 쏙 빠져나온다는 거죠?"

"엘리베이터가 내려갈 때 몸이 붕 뜨는 듯하고, 엘리베이터가 올
라갈 때에는 뭔가 눌리는 듯한 느낌이 드는 것도 관성에 의한 것이
지."

관성의 법칙

물체의 외부에서 힘이 작용하지 않으면 정지하고 있던 물체는 계속해서 정지해 있고,

운동하고 있던 물체는 등속 직선 운동을 유지한다.

지층은 지구의 역사책

"자, 재료가 다 준비됐으니 이제 본격적으로 샌드위치를 만들어

볼까?"

"식빵 한 장을 놓고 그 위에 슬라이스 햄, 그 다음에 또 빵을 한 장. 다음에는 감자 샐러드, 다시 빵….”

"너무 많이 쌓는 거 아니니?"

"아주 두툼한 샌드위치를 만들 거예요.”

"입으로 베어 물 수 있을 정도로 만들어야지. 먹을 수 없다면 아무 의미가 없는 거 아니니? 너 그렇게 쌓은 거 보니 마치 지층 형성 과정을 보는 것 같아. 나중에 수업할 때 층리 설명을 이걸로 하면 되겠다.”

"층리가 뭐예요?"

"네가 층층이 쌓는 것을 보니 마치 퇴적암이 만들어지는 것 같다는 생각이 들어서 말이야.”

"과학 선생님 아니랄까 봐. 샌드위치가 퇴적암으로 보인단 말이에요?"

"자갈이나 모래 등 여러 물질이 강물을 따라 바다로 운반이 되고, 바다 아래에 층층이 쌓여 지층이 되거든. 물론 육지에서도 지층이 만들어지는 경우도 있지만 퇴적은 주로 바다에서 일어나지. 네가 샌드위치 만든 걸 보니 퇴적암을 저절로 떠오르는 걸 난들 어쩌겠니?"

"층리가 뭐냐고 물었어요.”

"식빵과 슬라이스 햄은 다르기 때문에 이렇게 쌓으면 두 층을 경계로 옆으로 선이 생기는 것 같잖아. 퇴적암이 만들어질 때 당시의 환경이나 여러 조건에 따라 그 구성 물질이 달라지게 되니까 아래 위층을 이루는 암석의 종류가 달라질 수밖에 없고 그 결과 층과 층

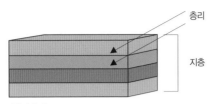

지층과 층리

사이에 옆으로 나란한 줄무늬가 보이는데 그게 층리야."

"퇴적암에도 종류가 있어요?"

"그럼. 성분 물질이 무엇인가에 따라 다르지. 자갈이면 역암, 모래면 사암, 진흙같이 입자가 고운 것은 이암이 되지."

"암석은 퇴적암밖에 없어요?"

"암석은 보통 퇴적암, 화성암, 변성암으로 구분해. 화성암을 다시 화산암과 심성암으로 나누어 네 가지로 구분하기도 하고."

"뭐가 달라요?"

"퇴적암은 지표에서 여러 가지 물질들이 퇴적되어 만들어진 것이고 화성암은 마그마가 굳어져 만들어진 거야. 화산 활동 등에 의해 마그마가 땅 위로 나오거나 지표 부근에서 식은 것은 화산암, 땅속 깊은 곳에서 마그마가 식어 암석이 된 것은 심성암. 변성암은 말 그대로 퇴적암이나 화성암이 열이나 압력에 의한 변성에 의해 만들어진 것이고. 만약 높은 열과 압력에 의해 암석이 녹아 마그마가 되었다가 식어서 다시 암석이 되면 화성암이 되는데 변성암은 암석이 고체 상태를 유지하면서 성질이나 구성 광물 등이 달라진 것을 말해."

"단단한 암석이 변한다니 신기해요."

"마그마가 식으면 무엇이 된다고 했지?"

"화성암이 되요."

"화성암은 풍화, 침식 작용으로 잘게 부서져서 물, 바람 등에 의해 운반되어 주로 바다 밑에 쌓여 퇴적암으로 되지. 또한 땅속 깊은 곳에 있는 암석은 변성 작용에 의해 변성암으로 되고, 더 큰 변성 작용을 받으면 변성암이 녹아서 다시 마그마로 되기도 해.

이처럼 암석이 오랜 기간에 걸쳐 다른 암석으로 변화되는 과정을 되풀이하는 것을 암석의 순환이라고 한단다."

"여러 암석 중에서 층리는 퇴적암에서만 나타나겠네요? 층층이 쌓여서 만들어진 암석은 퇴적암뿐이니까요."

"맞아. 어떤 책에서 지층은 지구의 역사책이라고 표현을 했던데 지층의 생성 과정을 자세히 조사해 보면 퇴적 당시의 자연 환경이나 퇴적이 이루어진 순서 등을 알아낼 수 있어. 화산재가 쌓여 만들어진 퇴적암, 즉 응회암이 발견되었다면 어떤 사실을 알아낼 수 있을까?"

"화산 활동이 있었다는 것을 알 수 있겠지요."

"그리고 퇴적암에는 화석이 남아 있어 퇴적물이 쌓이던 당시에 살았던 생물이나 그 당시의 환경까지도 알 수 있고."

"완성된 샌드위치를 보면 제가 빵과 여러 재료들을 어떤 순서로 쌓았는지 알 수 있는 것과 같은 거군요. 지층 연구는 지구의 역사를 알게 해 주니까 정말 필요하겠네요."

오늘은 어떤 실험해요?

실험 1 동전을 컵에 넣어 봐

준비물 컵, 엽서 정도 두께의 종이, 동전

방법 ❶ 컵 위에 종이를 올리고 종이 위에 동전을 얹는다.

❷ 종이를 천천히 잡아당기면서 동전의 움직임을 관찰한다.

❸ 다시 ①의 상태로 두고 종이를 빨리 잡아당기면서 동전의 움직임을 관찰한다.

이건 알아야지... 종이를 천천히 잡아당기면 종이에 준 힘이 동전에까지 전해지기 때문에 동전이 종이 위에 얹혀진 상태로 함께 움직인다. 하지만 종이를 아주 빠르게 잡아당기면 종이에 준 힘이 동전에 전달되지 않기 때문에 동전은 정지 관성에 의해 제자리에 있게 돼 컵 속으로 떨어지는 것이다.

게임 1 누가 누가 많이 찾을까?

우리 생활 주변에서 볼 수 있는 관성의 예를 찾아본다.

- 달리던 차가 갑자기 멈추면 몸이 앞으로 쏠린다.

- 수영을 한 후 고개를 흔들면 머리카락에 묻었던 물이 떨어져 나간다.

- 컵에 물을 담고 갑자기 앞으로 밀면 물이 뒤로 쏠린다.

- 쌓아 놓은 나무토막 중 가운데 것 하나만 치면 그 나무토막만 빠진다.

- 흰머리를 뽑을 때 머리카락을 갑자기 잡아당긴다.

- 망치의 자루가 헐거울 때 망치 자루를 바닥에 세
게 내리치면 망치 자루는 정지하지만 망치 머리는
계속 움직이려 하기 때문에 밑으로 내려가 망치
머리가 망치 자루에 꽉 끼게 된다.

- 돌부리에 걸린 사람이 앞으로 넘어진다.

- 버스가 갑자기 출발하면 사람이 뒤로 넘어진다.

- 옷을 흔들면 먼지가 떨어진다.

- 저금통의 동전을 빼낼 때 저금통을 아래위로 흔든다.

- 달리기에서 결승점에 도착한 후 바로 멈춰 설 수 없다.

- 팽이가 잘 넘어지지 않는다.

달의 변화, 지질 구조(습곡, 단층, 부정합)

부서지는 파도는
달과 태양이 만든대!

아파트 입구에서 보이는 키 큰 나무에 초승달이 떠 있는 풍경을 엄마는 참 좋아해. 오늘도 초승달이 뜰 테니 같이 구경 갈까? 보름달이 뜰지 초승달이 뜰지 어떻게 알 수 있을까? 태양과 지구, 달의 위치를 알면 간단하단다. 태양은 움직이지 않지만 지구는 태양 주위를, 달은 지구 주위를 돌고 있거든. 네 머리가 핑핑 돈다고? 달과 태양이 지구의 바닷물을 잡아당긴다면 네 머리는 정말 우주 전쟁이 일어난 것 같겠구나. 우리가 느끼지 못하는 대단한 힘들은 아주 많아. 작은 돌맹이 하나를 깨트리는데도 엄청난 힘이 필요할 텐데 거대한 암석들이 휘어지고 끊어지기도 하거든. 습곡, 단층이 생기는 원인이 바로 그런 큰 힘 때문이라는데 같이 한번 알아보자.

. . . .

"뭐 하실 거예요? 재료를 봐서는… 당근, 시금치, 밀가루. 너무 궁금해요."

"삼색 수제비."

"당근이랑 시금치가 왜 필요한지 이제 알겠어요. 알록달록 색깔

'거름'을 이용해 즙 만들기

내려는 거죠?"

"당근과 시금치를 갈아서 즙을 내자."

"어, 물만 빠져나오네."

"거름종이를 이용해 분리하는 거야. 당근과 시금치의 색이 다른 이유가 뭘까?"

"세포 속에 들어 있는 색소가 다르니까 그렇죠. 그 정도는 안다구요. 시금치는 엽록체가 많으니 초록색이고 당근은…, 당근은 뭐가 들어서 주황색이에요?"

"정확히 말하면 엽록체 속에 들어 있는 엽록소라는 색소 때문에 녹색을 띠는 거야. 하지만 엽록소만 있는 건 아니라는 거 크로마토그래피 실험할 때 알아봤지? 당근의 주 색소는 카로틴이라는 물질이야. 당근뿐만 아니라 오렌지나 감귤에도 많이 들어 있어. 귤을 너무많이 먹어 손바닥이 노랗게 변했던 거 기억하지? 바로 카로틴이 원인이지. 따로따로 밀가루 반죽하자. 당근, 시금치, 물에 반죽하면 삼색 수제비가 될 거야. 개 코 아가씨, 그릇에 빠지겠어."

"킁킁, 제가 좋아하는 냄새가 나는지 찾아보는 중이에요. 으~~ 여긴 제가 찾는 냄새는 없어요. 이걸로 수제비만 할 거 아니죠?"

"당연하지. 수제비를 할 건 떼어 놓고 놀아야지."

당근 즙과 시금치 즙의 냄새를 맡는 정빈

"고무 찰흙 같아요."

"가지고 놀 건 식용유를 조금 섞자. 그러면 잘 굳지 않아서 오래 가지고 놀 수 있으니까."

"이걸로 뭐 할 건데요?"

"초록색 반죽은 지구, 주황색은 태양, 그리고 물에 반죽한 것은 달 이라고 하자. 싱크대에 놓고 달의 모습이 변하는 걸 알아볼 거야."

"싱크대에 올라가야지. 지구가 너무 몽실몽실해요. 태양은 조금 더 진했으면 좋겠어요. 달은 너무 예쁘지 않게 만들어야 해요. 울퉁 불퉁하거든요. 운석 구덩이가 많아서요."

"아는 것도 많아요."

"그런데 달하고 태양하고 크기가 비슷해요. 태양이 달보다 훨씬

지구, 태양, 달을 만드는 정빈

크잖아요."

"태양은 너무 멀리 있어서 우리 눈에 보일 때는 비슷하게 보여."

"지구는 태양 둘레를 돌고 달은 지구 둘레를 돌고 있는데 이름이 다르죠? 태양은 항성, 지구는 행성, 달은 위성. 왜 달은 볼 때마다 달라져요?"

"진짜 달의 모습이 달라지는 게 아니라 우리 눈에 그렇게 보이는 것뿐이야. 달은 지구 둘레를 시계 반대 방향으로 돌고 있고 지구 또한 태양의 둘레를 돌고 있잖아. 게다가 달도 지구처럼 스스로 빛을 내지 못하고 태양 빛을 반사하니까 태양과 달의 위치가 어디냐에 따라 달의 모습이 달라지는 거야. 지구, 달, 태양의 순서로 나란히 있을 때는 우리에게 달은 보이지 않아. 달이 태양과 같은 방향에 있기 때문에 태양 빛에 가려서 그런 거야. 이때를 '삭'이라고 해.

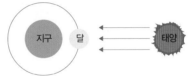

달, 지구, 태양의 순서로 나란히 있을 때는 보름달을 볼 수 있는데, 이때를 '망'이라고 하지.

삭에서 시작하여 다시 삭의 위치에 돌아오면 달이 지구 둘레를 한

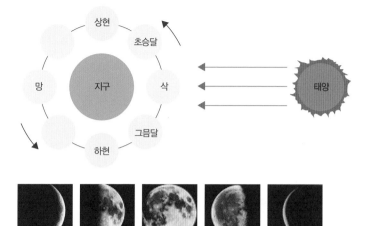

| 초승달 | 상현 | 망(보름달) | 하현 | 그믐달 |

번 공전하는 것이 되는 거야. 월식은 달이 가려지는 것을 말하는데 태양 빛을 지구가 가려 달이 지구 그림자 속으로 들어가기 때문에 나타나는 현상인데 어떤 위치에 있을 때 일어날까?"

"지구가 태양과 달 사이에 있을 때라야 하니까 보름달이 뜰 때 일어나겠군요. 달, 지구, 태양의 순서로 있는."

"그렇지. 달이 완전히 보이지 않으면 개기 월식, 달의 일부가 가려 보이지 않으면 부분 월식이라고 해. 달이 태양을 가려 태양이 보이지 않는 현상을 일식이라고 하는데 어떨 때 일어나게 될까?"

"지구, 달, 태양의 순서가 되어야 달이 태양을 가릴 수 있는데 그

부분 일식과 개기 일식

때는 삭이라 달이 안 보이잖아요?"

"달에 의해 태양이 완전히 가려지면 개기 일식, 태양이 부분적으로 가려지면 부분 일식이 일어나는데 삭과 망은 한 달에 한 번씩 일어나지만 그때마다 일식과 월식이 일어나지는 않아. 왜냐하면 달의 공전 궤도면과 지구의 공전 궤도면이 약 5.2° 정도 기울어져 있는데 두 궤도가 만나는 지점에서만 일식과 월식이 일어나기 때문에 일식과 월식이 쉽게 일어나지는 않아. 그런데 달과 태양이 지구의 바닷물을 잡아당긴다는 거 아니?"

"바닷물을 잡아당긴다구요? 그럼 바닷물이 달이나 태양까지 당겨간단 말이에요?"

"설마? 당기는 힘 때문에 밀물과 썰물이 생기는 거야. 해수면이 보통 하루에 두 번 꼴로 주기적으로 높아졌다 낮아지는 것을 조석 현상이라고 해. 해수면이 높아져 바닷물이 육지로 밀려 올라오는 것을 만조(밀물), 해수면이 낮아져 바닷물이 밀려 나가는 것이 간조(썰물)지. 조석 현상은 달과 태양의 인력 때문이지만 달이 태양보다 지구에 훨씬 더 가깝게 있으므로 달의 영향이 더 크다고 해."

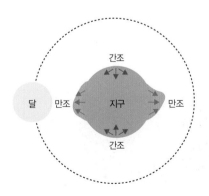

"수제비는 언제 만들어요?"

"배고프니?"

"아니오. 아직 할 게 더 있어요?"

"지질 구조에 관해 알아보고 수제비 끓이자. 샌드위치 만들면서 퇴적에 의해 지층이 만들어지는 것에 대해 이야기했었잖아."

"옆으로 줄이 있는 것처럼 보이는 것은 층리, 맞죠?"

"이렇게 차곡차곡 쌓여 지층이 만들어지는 것을 정합이라고 하는데 자연 상태에서는 화산이나 지진 등 여러 가지 원인에 의해 지층이 휘어지거나 끊어지는 지각 변동이 일어나게 되지. 오늘 그걸 해 보려고 해."

"단단한 암석이 휘어지고 끊어져요?"

"이렇게 층층이 쌓여 있는 지층에 옆에서 아주 강한 힘이 주어지면 이렇게 휘어지게 되거든. 지층이 휘어져 주름이 생긴 것을 습곡이라고 해."

"습곡은 옆에서 미는 힘 때문에 만들어지는 거네요. 지층이 휜다니 그 힘은 대단하겠어요."

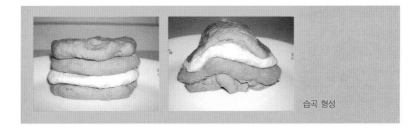

습곡 형성

"끊어지기도 하는데. 지층이 끊어져 어긋난 것을 단층이라고 하는데 어긋난 상태에 따라 여러 단층이 생기지. 끊어진 조각 중에 위에 있는 조각을 상반, 아래 조각을 하반이라 구분하고 상반이 어떻게 움직이느냐에 따라 정단층, 역단층으로 구분해. 끊어진 두 조각을 양손에 잡고 밀어 봐."

"밀면 다시 붙어 버릴걸요?"

"그건 밀가루 반죽이니까 그렇고 진짜 암석이라면 어떻게 될까를 상상하면서 해 봐야지."

"자리가 없어서 밀 수가 없어요."

"그러니까 한 조각이 다른 조각 위로 올라가겠지. 이렇게. 이렇게 만들어진 단층이 역단층. 반대로 양팔을 벌려 봐."

"두 조각이 멀리 떨어지는데요."

"이럴 때는 한 조각이 밀려 내려가 어슷하게 이어지게 되는데 이렇게 만들어진 것이 정단층이야. 단층은 단단한 것으로 해 보면 더 쉽겠다. 호박으로 다시 해 보고 진짜로 수제비 끓이자. 어차피 수제비 끓이려면 호박 썰어야 하니까. 호박을 이렇게 어슷하게 썰고 위에 것을 상반…."

"진짜 못 말려."

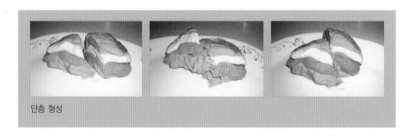

단층 형성

정단층

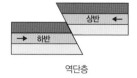
역단층

오늘은 어떤 실험해요

실험 1 반죽을 만든 김에! – 최대한 넓게 하지만 짧게

준비물   시금치, 밀가루, 물, 믹서기

방법   ❶ 시금치 즙과 물에 밀가루를 넣어 두 가지 색깔의 밀가루 반죽을 만든다.

❷ 각각의 반죽을 눌러 길이를 같게 만든다.

❸ 초록색 반죽을 아래 사진과 같이 겹겹이 접어 본다.

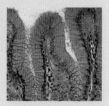

표면적   소장의 융털돌기

이건
알아지   초록색 반죽은 길이는 짧아졌지만 전체 면적에는 차이가 없다. 우리 몸에서

이런 구조를 가진 가장 대표적인 것이 작은창자(소장)의 안쪽 벽이다. 호흡 기관인 허

파의 허파 꽈리도 표면적을 넓히기 위한 구조이다.

실험 2 시간이 끊어졌던 흔적이야

준비물 시금치, 당근, 믹서기, 물, 밀가루

방법 ❶ 시금치 즙, 당근 즙, 물에 각각 밀가루를 반죽하여 세 가지 색깔의 반죽을
　　　　두 개씩 만든다.

　　　❷ 두 개의 반죽은 남겨 두고 각 색깔의 반죽을 차례로 쌓아 퇴적에 의해 정
　　　　합의 지층을 만든다.

　　　❸ 양 옆에서 힘을 주어 밀어 습곡을 만든다.

　　　❹ 칼로 ③의 반죽의 윗부분을 잘라낸다.

　　　❺ 그 위에 남겨 둔 두 반죽으로 다시 퇴적에 의해 지층이 쌓이게 반죽을 올
　　　　린다.

부정합

 퇴적과 퇴적이 연속적으로 일어나 지층이 만들어진 것을 정합이라고 한다.
하지만 퇴적 후 그 위에 퇴적층이 바로 만들어지지 않고 습곡, 침식 등이 일어난 다음
퇴적이 일어나 아래층과 위층 사이에 시간적인 연속성이 끊어져 만들어지는 경우가
있는데 이를 부정합이라고 한다.

보통 퇴적은 바다에서 일어나고 풍화 침식은 육지에서 일어나기 때문에 부정합의 형

성 과정은 이렇게 정리할 수 있다.

퇴적 → 습곡, 융기 → 풍화, 침식 → 침강 → 퇴적

정합 부정합

8 오므라이스

호화 현상, 중력

찬밥이 맛없는
이유는 뭘까?

금방 지어 김이 솔솔 나는 밥은 김치 하나만으로도 한 그릇 뚝딱 할 수 있지. 그런데 왜 식은 밥은 맛이 없을까? 딱딱하기도 하고. 쌀, 따뜻한 밥, 식은 밥 모두 녹말이 주성분일 텐데 어떤 차이가 있는지 궁금하지 않니? 매일 먹는 밥 속에 과학이 숨어 있다니 신기하지? 뻥튀기도 쌀로 만든 것인데 밥을 하는 것과 어떤 차이가 있을까도 알아보자. 너, 밥 먹을 때 제발 흘리지 마. 밥알이 저절로 떨어진다고? 하긴 지구가 밥알을 잡아당기고 있으니 지구 중심을 향해 밥알이 떨어지는 거지만. 그런데 밥알도 지구를 당기고 있다는 거 알고 있니? 지구와 밥알이 서로 당기고 있는 중력의 비밀도 알아볼까?

• •

"또 볶음밥이에요?"

"아니."

"재료를 보니 볶음밥인데 뭘 그러세요? 찬밥 해결은 볶음밥으로.
어머니의 표어잖아요."

"그러게. 왜 이렇게 자꾸 찬밥이 생기는 건지."

"오늘은 볶음밥 말고 그의 사촌은 어떨까요?"

"그의 사촌?"

"오므라이스 말이에요. 조금은 색다르잖아요. 달걀과 케첩만 더 있으면 되니 장을 다시 안 봐도 되고. 그런데 왜 찬밥은 맛이 없어요?"

"언제는 뜨거운 밥은 싫다고 식어야 먹는다더니."

"뜨겁지 않은 밥과 찬밥은 다르지요. 찬밥은 정말 맛없어요."

"찬밥이 맛이 없는 이유는 쌀에 들어 있는 녹말의 상태가 달라지기 때문이야. 쌀의 주성분인 녹말에는 포도당이 200개 이상 길게 결합된 아밀로오스와 포도당이 1000개 이상 이리저리 가지를 친 구조인 아밀로펙틴이 있어. 우리가 보통 밥을 해먹는 멥쌀과 찹쌀은 보기에도 다르잖아. 멥쌀은 아밀로오스가 약 20%, 나머지는 아밀로펙틴인데 찹쌀에는 아밀로펙틴만 들어 있어. 쌀 속에 들어 있는 녹말은 베타 녹말 상태인데 가열하면 알파 녹말로 바뀌게 돼. 쌀이 밥이나 떡이 되는 것이나 밀가루가 빵이 되는 현상을 녹말의 알파화 또는 호화 현상이라 하는데 호화 현상이 일어나기 위해서는 무엇이 필요할까? 밥할 때를 생각해 보면 쉬워."

"물과 열이 필요한가요?"

"베타 녹말은 긴 아밀로오스와 아밀로펙틴 사슬이 규칙적으로 아주 다닥다닥 붙어 있는 구조를 하고 있는데 물과 열을 가해 주면 물 분자가 녹말 사슬 사이로 들어가 다닥다닥 붙어 있던 구조를 부수고 느슨하고 불규칙한 상태로 바뀌게 되는 거지. 이렇게 된 것이 알파 녹말이야. 쌀 한 컵으로 밥을 하면 밥도 한 컵이 만들어질까?"

"쌀알보다 밥알이 훨씬 크니까 훨씬 많아져요."

"밥을 지으면 부피가 대략 2배 정도나 늘어나. 물 분자가 녹말 사이에 들어가 부피가 커지는데 밥의 알파 녹말은 생쌀의 베타 녹말보다 부드러우며 씹기도 쉽고 소화도 잘 되기 때문에 맛있다고 느껴지는 거야. 알파 녹말은 계속 그대로 있는 게 아니고 시간이 지나면 즉, 밥이 식으면 굳어져 딱딱해지는데 이것을 녹말의 노화 현상이라 하지. 즉 알파로 바뀌었던 녹말이 식으면 다시 베타 녹말로 돌아가기 때문에 찬밥은 맛이 없어져."

"노화라는 말이 거기에 쓰인다니 좀 이상하네요. 피부 노화라는 말을 많이 들어서 그런가?"

"뻥튀기는 똑같은 쌀로 만들지만 밥을 만들 때와는 조금 다르지."

"뻥튀기를 할 때는 물이 들어가지 않잖아요."

"그렇지. 열만 가해지는데 이런 것을 호정화라고 해. 호화된 것보다 물에도 잘 녹고 소화도 잘 된단다."

"그래서 뻥튀기는 입에 넣으면 살살 녹는군요."

"또한 식품 자체에 수분이 많은 것은 굳이 물이 없어도 자체의 수분만으로도 열이 가해지면 호화가 일어나기도 하지."

"찬밥에도 과학이 듬뿍 들어 있군요."

"밥의 수분이 날아가지 않게 보관한다면 노화 현상을 줄일 수 있겠지만 따뜻한 밥과는 맛이 다르지."

"그러니 자꾸 이렇게 찬밥을 안 만들어야 할 거 아니에요. 찬밥이 맛이 없는 이유를 이렇게 잘 아시면서 찬밥을 자꾸 만들면 되겠어요?"

"그러게 말이야. 늘 조금만 한다고 해도 이러네. 금방 지은 밥은 밥만 먹어도 맛있는데, 이거야 원. 그래도 그걸 아니까 다시 열을 가해서 알파 녹말로 바꾸려고 볶음밥 아니, 오므라이스를 하려는 거잖아. 케첩 새 거 뜯기 전에 조금 남아 있는 것부터 쓰고 해. 냉장고 문짝에 있어."

나도 지구를 당기고 있다구?

"왜 케첩 병을 거꾸로 세워 두셨어요?"

"병의 입구 쪽으로 모아 알뜰하게 쓰려고."

"케첩 통을 거꾸로 해 두면 왜 저절로 케첩이 아래로 내려와요."

"중력의 힘을 빌리는 거야. 지구가 케첩을 마구 마구 당겨 주거든. 그런데 케첩이 지구를 당기고 있다는 생각해 봤니?"

"케첩이 어떻게 지구를 당겨요? 말도 안 돼요. 중력이라면 뉴턴이 사과가 땅으로 떨어지는 것을 보고 발견한 거라는 것쯤은 누구나 알고 있어요. 지구가 사과를 당기기 때문에 땅으로 떨어지는 것이라고요."

"하지만 그 순간 사과도 지구를 당기고 있었을 텐데."

"그럼 지구와 사과가 서로서로 당기는 거란 말이에요?"

"지구가 물체를 끌어당기는 것뿐만 아니라, 질량을 갖고 있는 모든 물체는 서로 당기는 힘을 갖고 있어. 뉴턴은 그 힘을 만유인력이라 했는데 중력 역시 만유인력의 한 종류라 할 수 있지. 지구가 사과

지구가 사과를 당기는 힘(중력)

사과가 지구를 당기는 힘

를 끌어당기는 힘과 같은 크기의 힘으로 사과도 역시 지구를 끌어당기고 있다는 거지. 물체가 지구로부터 받는 만유인력을 그 물체의 중력이라고 해."

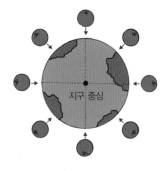

지구 중심

"지구 어디서나 똑같은 방향으로 떨어져요?"

"중력이 작용하는 방향은 그림에서 사과가 떨어지는 방향과 같으며 이를 연직 방향이라고 해."

"모두 지구 중심을 향하고 있네요."

"그렇지. 지구와 사과가 서로 떨어지고 있었다는 것이 더 정확한 표현이겠지. 지구가 사과를 당기는 힘과 똑같은 힘으로 사과도 지구를 당기거든. 사실 중력이라고 하면 많은 사람들이 지구가 일방적으로 물체를 잡아당기는 힘이라고 생각하는데 그렇지 않아. 지금 내가 감자를 떨어뜨려 볼게. 어떻게 될까?"

"보나마나 감자가 땅으로 떨어지지요."

"물론 우리 눈에는 감자만 운동하는 것처럼 보이지. 하지만 감자와 지구는 서로 같은 힘으로 당기고 있어. 비록 이들이 같은 힘으로 당기고 있지만 감자의 질량이 지구에 비해 너무나도 작기 때문에 감자의 속도 변화는 느껴지지만 지구의 운동은 느끼지 못할 뿐이야. 너와 지구 사이에도 중력이 작용하고 있는데 지구만 너를 잡아당기고 있는 게 아니야. 너도 지구를 잡아당기고 있어. 느끼지 못할 뿐이지. 만약 중력이 없다면 물 한 방울 떨어지지 못할걸."

"그럼 우리도 공중에 둥둥 떠 있게 되나요?"

"물체의 무게를 중력이라고 한다고 했지. 그럼 무중력이란 어떤 상태라고 할 수 있을까?"

"중력이 없는 상태는 무게가 없는 상태?"

"엘리베이터 타면 기분이 좀 이상하지? 붕 뜨는 것 같기도 하고."

"올라갈 때랑 내려갈 때 느낌도 달라요."

"그런 일이 일어나면 안 되겠지만 만약 네가 탄 엘리베이터의 줄이 끊어졌다고 생각해 보자. 그때는 어떨까?"

"어떻기는요? 생각만 해도 끔찍하지요. 엄청난 속도로 떨어지다가 바닥에 쾅! 싫어요. 생각하기도 싫어요."

"그래도 생각은 해 보자꾸나. 바로 그 순간이 무중력을 경험할 수 있는 순간이거든."

"그때가 무중력 상태라고요?"

"뭐든 차근차근 생각의 실타래를 풀어 보면 쉬워. 상상이 아닌 실제의 상황들로부터 풀어 보자. 1층에 멈춰 있던 엘리베이터를 타고 우리 집으로 올라온다. 엘리베이터가 출발할 때 느낌이 어때?"

"발 밑에서 누가 스윽 잡아당기는 것 같기도 하고, 아니오. 어떤 힘이 머리에서부터 온몸을 스윽 훑으면서 내리누르는 느낌이라면 더 정확할까요? 하여튼 그 느낌 무지 이상하고 싫어요."

"엘리베이터가 올라갈 때는 중력도 작용하지만 정지해 있고자 하는 관성도 작용하는 거지. 이때 중력과 관성의 방향이 둘 다 아래쪽으로 작용하니 그때 몸무게를 재어 본다면 체중계에는 진짜 너의 몸무게보다 조금 늘어난 것으로 나타날 거야."

"내려올 때는 반대로 몸무게가 줄어들어요?"

"생각해 보렴. 내려올 때 중력은 아래쪽으로 작용하지. 그런데 관성은 어때? 약간 붕 뜨는 느낌을 받잖아? 관성은 반대인 위쪽으로 작용하기 때문이야."

"중력에서 반대로 작용하는 관성만큼 빼 줘야 되니 몸무게가 줄어든 것으로 나타나겠군요?"

"그럼 이번에는 다른 두 경우를 생각해 보자. 엘리베이터가 똑같은 속도로 올라가거나 내려가는 경우와 아까 상상해 보기로 한 줄이 끊어져 떨어지는 경우는 어떨까?"

"같은 속도로 움직일 때는 중력만 작용할 테니 진짜 제 몸무게만큼만 나타나겠지만… 줄이 끊어진 경우에는… 모르겠어요."

"나무에 매달린 사과가 떨어지는 것처럼 높은 곳에 있는 물체가

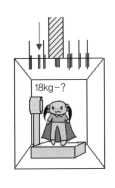

정지해 있던 엘리베이터가 속
력이 빨라지면서 올라갈 때

정지해 있던 엘리베이터가 속
력이 빨라지면서 내려갈 때

지구의 중력 때문에 아래로 떨어지는 것을 낙하 운동이라고 해. 낙
하 운동 중에서도 중력만 작용하는 경우를 자유 낙하라고 하는데 엘
리베이터가 같은 속도로 내려오는 것과는 달라. 엘리베이터는 줄에
의해 속도가 조절이 되는 것이니까. 자연 상태에서 자유 낙하 운동
을 하는 경우에는 내려올수록 물체의 속도가 점점 더 빨라져. 속도
가 일정한 비율로 커지는 등가속도 운동을 하는데 이처럼 자유 낙하
하는 물체에 가속도가 생기는 것은 바로 지구의 중력 때문이야. 왜
냐하면 중력이 물체를 한 번만 당기고 마는 것이 아니라 물체가 떨
어지고 있는 동안에도 계속해서 작용하기 때문이지. 엘리베이터의
줄이 끊어졌다는 것은 엘리베이터가 자유 낙하하고 있는 상황이지.
이때 엘리베이터 안에 있는 물체의 무게는 0이 돼. 자유 낙하하는 엘
리베이터 안의 물체에는 아무런 힘도 가해지지 않기 때문인데 바로
이때가 무중력 상태인 거야."

"그래도 이해가 잘 안 돼요."

자유 낙하

"보통 이런 실험을 예로 들거든. 구멍이 뚫린 종이컵에 물을 부으면 어떻게 될까?"

"당연히 구멍으로 물이 새 나오죠."

"그런데 그 컵을 자유 낙하시키면 어떨까?"

"바닥이 물바다가 되겠지요."

"종이컵 하나 정도로 물바다야 되겠니? 컵이 바닥에 떨어지면 그렇게 되겠지만 컵이 떨어지는 동안에는 물이 전혀 흐르지 않아."

"컵에 구멍이 뚫렸는데 물이 흐르지 않는다고요?"

"금방 이야기했잖아. 컵이 자유 낙하를 하는 경우인데 이때 컵 속의 물에는 힘이 가해지지 않기 때문에 구멍이 뚫려 있어도 물이 새 나오지 않는 거야. 줄 끊어진 엘리베이터 안의 사람에게 중력이 작용하지 않은 무중력의 상태가 되는 것처럼 말이야."

"우와, 신기해요. 진짜 그래요?"

"그거야 쉽지. 화장실 욕조에 가서 확인해 보면 되니까. 주방에서는 실험하기 곤란하겠지."

"당장 해 보고 싶어요."

"오므라이스 먹고 하는 게 어때? 기운 내서 열심히 해 보는 거야."

"넵! 알겠습니다."

오늘은 어떤 실험해요?

실험 1 구멍이 다시 막혔나?

준비물 종이컵, 물

방법 ❶ 종이컵의 아래쪽에 구멍을 뚫고 물을 담아 들어 본다.

❷ 종이컵의 구멍을 손으로 막은 상태에서 높은 곳에서 떨어뜨려 본다. 욕조
에 떨어뜨리는 것이 가장 안전한데 최대한 천장 가까이, 높은 곳에서 떨어
뜨리면서 컵이 떨어지는 동안 뚫린 구멍으로 물이 새 나오는지 관찰한다.

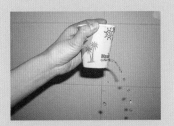

이건 말이지 줄이 끊어진 엘리베이터가 무중력 상태라는 것을 알아볼 수 있는 실험이다.
구멍을 뚫은 종이컵에 물을 넣으면 구멍으로 물이 새 나오지만 그 상태에서 컵을 떨
어뜨리면 물은 새 나오지 않는다. 컵이 떨어지는 동안 컵 속의 물에는 아무 힘도 주어
지지 않으므로 일시적인 무중력 상태가 되기 때문이다.

실험 2 돌아라 돌아라 케첩 통!

준비물 다 쓴 케첩 통, 줄

방법 ❶ 다 쓴 케첩 통의 입구 부분에 줄을 단다.

❷ 케첩 통이 달린 줄의 끝부분을 쥐고 돌려 본다.

❸ 줄의 길이를 짧게 해서 돌려 본다.

❹ 운동장같이 넓은 공간에서라면 케첩 통을 돌리다가 줄을 잡은 손을 놓고

통이 날아가는 방향을 알아본다.

❺ 케첩 통보다 무거운 것으로 바꾸어 달고 돌려 본다.

이건 그림과 같이 원 운동을 하는 물체의 운동 방향은 원의 접선 방향이다. 따라
알아두기 서 줄에 매달려 원 운동을 하던 케첩 통은, 줄을 잡은 손을 놓으면 원의 접선 방향으
로 날아간다. 줄을 잡고 있는 사람이 가하는 힘에 의해 원 운동을 계속하다 줄을 놓으
면 힘이 제거됨으로써 구심력이 없어지게 되고, 케첩 통은 원의 접선 방향으로 날아가
는 것이다. 구심력이란 물체가 원 운동을 하게끔 하는 힘으로 원의 중심을 향해 나아

물체의
운동 방향

구심력

간다. 구심력의 크기는 원 운동 하는 반지름이 작을수록, 물체의 질량이 클수록, 물체의 속력이 빠를수록 커진다. 지구 둘레를 도는 달의 운동도 지구와 달 사이에 작용하는 인력이 구심력의 역할을 하기 때문이다. 만약 구심력이 없다면 케첩 통에 매단 줄을 놓아 버리는 것과 같으니 달은 우주 공간으로 날아가 버릴 것이다. 또한 지구 주위를 돌고 있는 인공위성이 기계 장치 없이 지구를 계속해서 돌 수 있는 것도 인공위성에 작용하는 지구의 인력이 구심력의 역할을 하기 때문이다.

9 유부 초밥

산성과 염기성, pH, 산성비

벌에 쏘였을 때 된장을
바르면 낫는 이유는?

식초는 신맛이 나서 산성인데 알칼리성 식품이라고 하지. 또 열이 많이 날 때 의사 선생님이 탈수를 막기 위해 마시라는 음료수도 산성도를 측정해 보면 분명 산성인데 알칼리성 이온 음료라고 광고를 하잖아. 산성이라고 했다가 알칼리성 식품이라고 했다가. 킁킁, 뭔가 냄새가 나는 것 같지 않니? 시큼한 냄새가 난다고? 그건 네가 쏟은 식초 냄새잖아. 비에서도 시큼한 냄새가 나느냐고? 산성비를 말하는구나. 원래 오염되지 않은 비도 산성이야. 그런데 왜 산성비를 맞으면 안 된다고 하느냐고? 무엇이든 적당한 게 좋은 것이거든. 배고플 때 속이 시큼한 것도 산성인 위산 때문인데 음식물 소화를 위해 꼭 필요한 것이지만 '위산 과다'로 고생할 수도 있으니까.

- -

"어머니, 유부 초밥보다 생선 초밥이 더 좋아요. 생선 초밥 만들어요."

"나도 생선 초밥이 더 좋아. 하지만 좋아하는 거랑 만들 줄 아는 것은 달라요, 공주."

"밥, 고추냉이, 생선만 있으면 되잖아요. 어렵지 않을 것 같은데요?"

"생선은? 어디서 회를 뜰 만큼 신선한 생선을 사지? 산다고 한들 회를 뜨는 건 쉽지 않아. 유부 초밥으로 만족해 주면 좋겠는데?"

"그럼 유부 초밥은 제가 만들게 해 주세요. 어머니는 그냥 옆에서 도와만 주시고요."

"그거 듣던 중 반가운 소리구나. 그럼 재료부터 꺼내 봐. 뭐가 필요할까?"

"초밥이니까 식초, 달콤해야 하니까 설탕, 소금도 필요할 것 같고, 진간장, 그리고 고기와 야채 볶아야 하니까 올리브 기름도 있어야 하고 쇠고기 냄새 없애게 후추도 꺼내고. 됐어요?"

"단촛물은 식초와 설탕이 2 : 1 정도가 적당한 것 같아. 이게 무슨 의미지?"

"식초가 한 컵이면 설탕은 반 컵이라는 거잖아요. 그렇게 만들까요?"

"비율은 맞는데 그렇게 많이 만들 필요 없어. 세 숟가락 정도면 될 거야."

"많이 먹을 건데요. 저 초밥 좋아한단 말이에요. 그런데 제 친구 지원이는 유부 초밥 싫어한대요. 왜 그럴까요? 맛있는데?"

"사람마다 좋아하는 게 다른 건 당연하지. 너는 닭고기 싫어하잖아. 어머니는 고기 중에 닭고기가 제일 좋은데 말이야."

"저는 닭고기 정말 싫어요."

"그러니 지원이가 유부 초밥 싫어하는 걸 인정해 줘야지. 네가 좋아하는 걸 다른 사람이 싫어할 수도 있으니까. 식초와 설탕 비율 맞춰 단촛물 만들어 봐."

"이런, 어떡해요? 다 쏟았어요."

"괜찮아. 계량 숟가락에 붓는 건 누가 해도 쉽지 않아. 어머니도 자주 쏟는걸 뭐. 옷에도 묻었니? 이럴 때 보면 지킬 것은 지켜야 한다는 말, 실감 나. 앞치마를 했더라면 좋았을 텐데, 그지?"

"으~~, 냄새."

"식초니까 시큼한 냄새가 나는 게 당연하지. 시큼한 맛은 산(酸)의 특징이거든."

"산이 뭐예요?"

"물에 녹았을 때 수소 이온(H^+)을 내놓는 물질을 산이라고 해. 그럼 염기도 같이 이야기해야겠구나. 물에 녹아 수산화 이온(OH^-)을 내놓는 물질은 염기라고 하는데 초밥 덕분에 산과 염기 공부를 하는 좋은 기회가 생겼네."

"산성, 알칼리성, 뭐 이런 거 말이에요?"

"보통 알칼리라는 말을 쓰기도 하는데 그 이유는 칼륨(K)이나 나트륨(Na) 같은 알칼리 금속 화합물 중에 염기의 성질을 나타내는 물질이 많아 그렇게 쓰기도 하지만 금속이 없는 물질, 예를 들면 벌에 쏘였을 때 바르는 암모니아수 같은 것은 금속이 없지만 염기성인 물질이니 알칼리보다는 염기라는 말을 쓰는 것이 더 적당하다고 해야겠지."

"우리 집에도 염기성인 물질이 있어요?"

"염기성 용액은 미끈미끈한 느낌이 특징이라고 하거든. 그런 물질이 있는지 찾아봐."

"미끈거리고, 용액이니까 액체여야 하죠?"

"응."

"찾았어요. 주방용 세제요."

"맞아. 하지만 요즘은 중성 세제도 많아. 우리가 세수할 때 쓰는 비누나 세탁용 세제도 염기성이지."

"그럼 샴푸도 염기성 용액이겠네요?"

"샴푸도 산성 염기성으로 다양하게 나온다고 해. 락스나 하수구가 막혔을 때 사용하는 '뚫어 뻥!' 같은 것도 염기성 용액이지."

"어떻게 '뚫어 뻥!'이 되는 거예요?"

"염기성이 단백질을 분해하는 성질이 있거든. 보통 하수구가 막히는 원인 중 가장 큰 이유가 머리카락 때문일 경우가 많아. 주성분이 단백질인 사람의 머리카락을 염기성 물질이 녹여서 막힌 하수구를 뚫게 되는 거지. 그리고 소다나 된장도 염기성 물질이야. 치약도 약염기성이고."

"그럼 산성 물질에는 어떤 것이 있어요?"

"산성 용액의 특징은 신맛이 나는 거야."

"식초."

"식초 말고는 어떤 게 있을까?"

"새콤한 건 모두 되겠죠? 오렌지 주스? 맞아요?"

"응."

"그럼 포도 주스도 되고, 귤도, 유자차도 새콤하니까 산성 용액이에요?"

산성과 염기성의 성질

산성	염기성
푸른 리트머스 종이 → 붉게	붉은 리트머스 종이 → 푸르게
수용액 상태에서 전류를 흐르게 함	수용액 상태에서 전류를 흐르게 함
신맛이 남	쓴맛이 남

"요구르트, 사이다, 콜라 같은 것도 전부 산성이라 할 수 있지. 보통 탄산음료라고 하잖아. 산성 염기성이라고 하지만 그 정도가 다르기 때문에 그것을 산성도라고 해. 산성도는 수소 이온의 농도를 뜻하는데 pH(페하)라는 단위로 표시하지. pH가 7보다 낮으면 산성, 높으면 염기성이라고 해. 1에 가까울수록 강산, 14에 가까울수록 강염기라고 하고. 순수한 물은 pH가 7로 중성이라고 하지."

"중성은 산성과 염기성을 섞으면 만들어지나요?"

"그렇지. 산성 용액에 염기성 용액을 많이 넣으면 염기성 용액이 되기도 하니까. 벌에 쏘이면 암모니아수를 바르지만 옛날에는 된장을 발랐다고 하잖아."

"암모니아수는 염기성이라고 하셨잖아요. 그럼 된장도 염기성이에요?"

"그렇지. 이렇게 염기성인 물질을 벌에 쏘인 부분에 바르는 이유는 바로 중성을 만들기 위해서지."

"벌에 쏘이면 산성이 되나요? 산성과 염기성이 만나야 중성이 되잖아요?"

"벌침의 독에 산이 포함되어 있어서 염기성인 암모니아수나 된장을 발라 중화시켜 주는 거야. 지난번 개미에게 물려 빨갛게 부어 올랐었잖아. 역시 산성 물질이 네 몸에 들어와서 그런 거야."

"진짜 가려웠어요."

"중화 반응은 우리 생활에 많이 이용되고 있어. 김치찌개가 너무 시어서 먹기 힘들 때 소다를 살짝 넣어 주면 신맛이 덜해지거든."

"김치는 신맛이 나니까 산성, 소다는 염기성. 둘이 만나 중화가 되는 거군요."

생활 속에서 발견하는 중화 반응

· **생선회에 레몬 즙을 뿌린다** : 생선의 비린내 성분인 약염기성의 아민과 레몬즙에 함유된 약산성의 시트르산에 의해 중화되어 비린내가 없어진다.

· **신트림이 날 때 제산제를 먹는다** : 강한 산성인 위산에 의해 신트림이 나는 것인데 염기성인 제산제가 중화시켜 준다.

· **농사가 끝나면 재를 뿌린다** : 잿물이 염기성이라 토양의 산성화를 막아 준다.

· **김치가 시어지면 조개 껍질이나 달걀 껍질을 넣어 준다** : 김치의 신맛을 염기성인 석회 성분이 중화시켜 준다.

· **비누로 머리를 감고 한두 방울의 식초를 떨어뜨린 물로 헹군다** : 염기성 비누 성분을 산성인 식초로 중화시킨다.

"높은 산에 올라가면 기압이 낮아진다고 했지? 왜 그럴까?"

"공기가 적으니 그렇잖아요."

"그러면 왜 숨이 가빠지는 걸까?"

"그거야 우리 몸에 필요한 산소의 양은 정해져 있는데 공기 중에 산소가 적으니 빨리 빨리 쉬어야지요."

"그렇게 호흡이 빨라지면 산소를 많이 얻는 대신 잃는 건 없을까?"

"호흡은 산소를 받아들이고 이산화탄소를 내보내는 거잖아요. 이산화탄소는 어차피 몸 밖으로 내보내야 하니까 빨리 많이 나가면 좋을 테고. 잃을 건 없는 것 같은데요."

"그렇지 않아. 이산화탄소는 몸 밖으로 내보내야 하지만 한꺼번에 너무 많이 빠져나가게 되면 혈액의 산성도에 문제가 생겨."

"이산화탄소는 산성이니 이산화탄소가 나가면 염기성으로 변하게 되겠군요."

"혈액의 pH는 매우 중요해. 우리 몸에서 일어나는 많은 화학 반응은 pH가 조금만 바뀌어도 반응의 결과가 달라지기 때문에 몸에 치명적일 수 있거든. 그래서 혈액의 pH는 늘 일정하게 유지되어야 해. 밖에서 들어온 산이나 염기와 모두 반응을 해, 즉 중화 반응을 해 산성도가 일정하게 유지되는 것을 완충 작용이라고 하는데 우리 몸의 혈액은 완충 작용이 워낙 뛰어나 특별한 경우를 제외하고는 보통 중성 상태를 유지할 수 있어."

"숨을 빨리 쉬면 이산화탄소가 갑자기 많이 빠져나가니까 혈액이 염기성으로 바뀌게 되고 몸 안의 화학 반응들이 영향을 받게 된다는 거네요."

"사람의 체액은 pH 7.4 정도인데 이 상태를 유지하는 건 아주 중요해."

"그럼 산성 음식과 염기성 음식을 잘 조절해서 먹어야겠네요?"

"꼭 그렇지는 않아. 혈액의 완충 작용이 워낙 뛰어나기 때문에 그리 신경을 쓰지는 않아도 돼. 그런데 식초가 알칼리성 식품이라는 거 아니?"

"그게 무슨 말씀이에요? 식초는 신맛이 나는 산성 물질이잖아요."

"산성과 산성 식품과는 달라. 보통 신맛이 나면 산성 식품이라고 잘못 알고 있는데 산성 식품과 알칼리성 식품으로 구분하는 기준은 식품에 들어 있는 무기질 성분이야. 식품을 태웠을 때 남는 재에 들어 있는 성분으로 알 수 있지. 인(P), 염소(Cl), 황(S) 같은 물질이 많이 든 식품은 산성 식품, 칼슘(Ca), 나트륨(Na), 마그네슘(Mg), 칼륨(K)이 많은 것은 알칼리성 식품이라고 하는 거지."

"왜 태워요?"

"식품을 완전히 태워 재로 만들면 탄수화물, 단백질, 지방 같은 것은 완전히 타 버리고 무기질만 남거든."

"우리가 먹으면 음식물이 타는 것도 아닌데 태워서 남는 것으로 구분하는 건 이상해요."

"음식물이 우리 몸에 들어와 소화 과정을 거친 후 마지막으로 남는 성분과 같다고 생각하면 돼. 간단하게 야채나 과일은 알칼리성 식품이 많고 단백질이 많이 든 고기나 생선은 산성 식품일 경우가 많다고 보면 돼."

"갈빗살 구워 먹을 때 상추에 싸서 먹으면 산성 식품과 알칼리성 식품을 같이 먹게 되는 거군요."

"그렇게 신경 쓰지 않아도 된다고 했지? 우리 몸은 항상성을 유지하려고 하기 때문에 체액의 pH를 정상으로 유지하는 능력이 있거든. 물론 지나치게 한쪽 식품만 많이 섭취하는 것은 좋지 않으니 늘 하는 이야기지만 골고루 먹는 것이 제일 중요해."

"하긴 뭘 먹을 때마다 산성 식품인지 알칼리성 식품인지 알아보고 또 균형이 맞나 따진다는 것은 불가능해요. 먹기 바쁜데 그걸 따질 시간이 어딨어요. 아 참, 산성비를 맞으면 대머리가 된다는데 비에서도 식초 냄새가 나요?"

"비는 원래 산성이야. 오염 안 된 깨끗한 비도 pH로 약 5.6 정도의 약산성이야."

"하늘에 식초가 있어요?"

"비가 내릴 때 공기 중에 있던 이산화탄소와 반응하기도 하고 번개가 칠 때 질소가 산소와 결합해 질산으로 바뀌는데 이런 것들로 인해 비가 산성을 띠는 거지."

"원래 비가 산성이라면서 왜 산성비라고 하고, 해롭다고 해요?"

"보통의 비가 산성이라는 것은 매우 중요해. 공기 중에 가장 많이 있는 것이 질소지만 식물이나 동물 모두 질소를 직접 몸 안으로 받아들일 능력이 없거든. 질소가 우리에게 꼭 필요한 원소인데도 말이야."

"비에 있는 질소가 어떻게 우리 몸에 들어와요? 그런 능력이 없다면서요?"

"미생물들의 도움으로 가능해. 식물의 뿌리에 붙어살고 있는 뿌리혹박테리아 같은 것이 대표적인데 비에 녹아 땅속으로 들어온 질소를 식물이 이용할 수 있도록 도와주는 거야."

"붙어산다고 다 나쁜 건 아니군요."

"그런 경우를 공생이라고 하지. 서로 도움이 되는 관계니까. 콩을 밭에서 나는 쇠고기라고 하는 건 콩에 단백질이 많이 들어 있기 때문인데 바로 뿌리혹박테리아가 뿌리에 있어서 질소를 다른 식물보다 잘 이용할 수 있게 하기 때문이야. 질소가 있어야 단백질을 만들 수 있거든. 그러니 비가 산성인 것이 우리에게 주는 이득이 크다는 걸 알겠지? 하지만 늘 그렇듯 너무 많을 때 문제가 되는 거지. 산성비라 하면 pH 5.6보다 낮은 상태의 비를 말해. 이런 산성비는 왜 생길까? 원래 비가 산성이라고 할 때 이미 거의 말했어."

"이산화탄소? 질손가? 질소 뭐라고 했는데…."

"질산이라고 했지. 주로 자동차의 배기가스 속에 들어 있는 질소 산화물인 일산화질소, 이산화질소가 빗물에 녹으면 질산이 되어 비의 산성도에 영향을 주고 석탄과 석유를 태울 때 나오는 이산화황도 아황산이 되어 역시 산성비를 만들어. 질소 산화물이 공기 중에 있으면 이산화황이 황산이 되도록 도와준다니 산성비를 줄이려면 질소 산화물과 이산화황 둘 다 줄여야겠지. 산성비의 pH가 4~4.5까지 내려간다니 엄청나지?"

"산성비가 어떤 피해를 주는데요?"

"달걀 껍질이 식초에 녹는 것을 본 적 있지? 탄산칼슘 성분으로 된 석회암이나 대리석 같은 돌은 피해가 커. 탄산칼슘은 물에는 안 녹지만 산성비를 맞으면 산과 반응하여 녹는 물질로 변하거든. 그리고 철과 같은 금속은 산에 녹기 때문에 산성비의 피해는 여러 곳에서 나타나지. 비가 내리면 땅속으로 스며드니 토양이 산성화되고 그것은 식물에게 바로 영향을 미치게 되니 결국 우리에게도 피해가 오게 되는 거고."

"자동차를 많이 타도 석유를 많이 써도 산성비를 만들게 되는 거니 우리 모두가 신경을 써야 하는 문제네요."

"지금 당장 내게 큰 문제가 아니라고 방치할 게 아니지."

오늘은 어떤 실험해요?

실험 1 풀이 필요하다고? 우유 가져와

준비물   우유, 식초, 손수건, 물, 소다

방법   ❶ 냄비에 우유 200cc(가장 작은 것 1통)를 넣는다.

❷ 우유에 식초 4숟가락 정도 넣는다.

❸ 약한 불에 작은 덩어리가 생길 때까지 저어 주며 가열한다. 이때 너무 오래 가열하지 않도록 한다.

❹ 작은 덩어리가 생기면 가열을 멈추고 덩어리가 더 이상 생기지 않을 때까

지 저어 준다.

❺ 덩어리가 가라앉을 때까지 기다린다.

❻ 손수건으로 물기를 최대한 제거한다.

❼ 물기가 제거된 덩어리를 다른 그릇에 옮기고 물을 3숟가락 정도 넣은 뒤 소다를 차숟가락으로 1숟가락 넣어 기포가 생기지 않을 때까지 저어 주면 아교풀이 완성된다.

※ 주의 : 작은 덩어리가 생기면 불을 끄고 저어 준다. 계속 가열하면 냄비 속의 내용물 이 튀어 올라 위험할 수도 있다.

이건
말이지... 우유 속의 단백질인 카제인은 열이나 산에 매우 약한 성질을 가지고 있다. 이 과정은 카제인을 분리하고 염기성인 소다를 넣어 산을 중화시켜 풀을 만드는 것이 다. ⑥의 상태에서 여러 가지 모양을 만들어 보는 것도 재미있다. 플라스틱과 비슷한 상태가 되기 때문에 원하는 모양의 물건을 만들 수 있다.

실험 2 포도 주스와 만나면 색이 변한다?

준비물 소다, 세탁 세제, 식초, 유자차, 물, 컵, 포도 주스

방법 ❶ 소다와 세탁 세제, 식초, 유자차 원액을 각각 컵에 넣고 물을 부어 액체 상

태로 만든다.

❷ 4개의 컵에 각각 담는다.

❸ 포도 주스를 4개의 컵에 떨어뜨린 후 색깔의 변화를 관찰한다.

※ 주의 : 소다수는 다른 용액에 비해 색 반응이 느리게 일어나므로 한동안 두고 색의 변

화를 관찰한다.

소다 세탁세제 식초 유자차   소다 세탁세제 식초 유자차

이건
알이지... 어떤 용액이 산성인지 염기성인지를 알아보기 위해 사용되는 물질을 지시약

이라 하는데 페놀프탈레인, 메틸오렌지, 리트머스 종이 등이 많이 쓰인다. 이들은 산

성과 염기성의 물질과 반응하면서 색깔이 변하기 때문에 그 결과로 산성인지 염기성

인지 판단하는 것이다.

지시약의 종류와 산성 및 염기성 용액의 반응

지시약	산성 용액	염기성 용액
페놀프탈레인	변화 없음	붉게 변함
메틸오렌지	붉게 변함	노랗게 변함
비티비(BTB)	노랗게 변함	푸르게 변함
리트머스 종이	푸른색 종이가 붉게 변함	붉은색 종이가 푸르게 변함

식물 세포의 액포에 있는 색소인 안토시안이 많아 붉은색을 강하게 나타내는 자주색 양배추나 포도 주스도 지시약으로 쓸 수 있다. 포도 주스를 어떤 물질에 넣어 보아 분홍색으로 변하면 산성, 노란빛을 띠는 청록색으로 변하면 염기성 물질이다.

10 된장찌개

열의 이동, 추출, 용액, 용매, 용질

높은 곳에서
낮은 곳으로

라면 맛있게 끓이는 방법 중 하나가 정확하게 시간을 맞추는 것이라고 해. 아마 2분 40초라고 하지. 이때 노란 알루미늄 냄비에 끓이면 더 맛있다고 하거든. 그건 알루미늄의 열 전도성 때문일 거야. 가스 불이 어떻게 냄비로, 또 냄비 안의 물로 이동되는지 알아보자. 라면은 냄비에, 된장은 뚝배기에 끓여야 제 맛이라는데 엄마가 좋아하는 향수와 된장 끓일 때 멸치 국물 내는 원리가 같다니 신기하지 않니? 녹차를 우려내는 것도 마찬가지. 우리 생활 주변에는 어떤 물질이 특정 용매에 녹는 성질을 이용한 것들이 참 많아. 머리카락에 껌이 붙었을 때도 같은 원리를 이용하면 되니까 알아두면 유용하겠지.

• •

"된장 끓이게 멸치 몇 마리 꺼내 줘."

"난 된장찌개 정말 좋아요. 근데…, 어머니가 끓인 것보다 아버지가 끓인 게 더 맛있는데."

"모두 그러는 걸 보니 진실을 속일 순 없나 보다. 사실 엄마도 그렇게 생각해. 하지만 오늘은 어머니의 된장찌개로 저녁을 먹읍시다."

"멸치를 왜 볶아요?"

"책에 보니 멸치를 볶은 뒤 물을 부어 끓이면 비린내가 덜 난다고 되어 있어서 말이야. 자, 이제 물을 붓고. 국물이 만들어지는 동안 다른 재료 준비하자."

"야채는 제가 썰래요."

"칼 조심해."

"알았어요. 조심조심해야 하는 건 요리할 때의 기본! 그런데 어머니, 물이 가만있지 않고 왜 자꾸 움직여요?"

"무슨 말이야?"

"물이 자꾸 움직이니까 멸치도 가만있지를 못하잖아요. 정신없겠어요."

"죽은 멸치가 정신없는 줄이나 알겠니? 보는 우리가 어지럽지. 물이 어떤 방향으로 움직이는지 관찰해 볼래?"

"물이 올라왔다가 다시 거꾸로 처박히는데요."

"뭐? 표현이 좀 강한 것 같다."

"맞아요. 쑥 올라왔다 거꾸로 처박힌다니까요."

"너만이 할 수 있는 표현일 거야. 물이 그렇게 움직이는 건 대류 현상 때문이야."

"대류가 뭐예요?"

"열은 가만히 있지 않고 이동을 해. 뚝배기에 손을 대 봐."

"싫어요. 뜨겁잖아요."

"만져 보지도 않고 어떻게 알아."

"가스 불 위에 올려져 있으니 당연히 뜨겁겠죠."

"그렇지. 가스 불의 열이 뚝배기로 이동해서 뚝배기가 뜨거워지고 뚝배기 안의 물이 끓게 되는 거지. 이렇게 열은 이동을 하는데 열의 이동에는 방향이 있어. 어떤 방향으로 이동할까?"

　"가스 불은 뜨겁고 뚝배기와 물은 처음에는 안 뜨거웠는데 뜨거워졌으니까… 열은 뜨거운 곳에서 차가운 쪽으로 이동해요."

　"맞아. 열에너지는 높은 곳에서 낮은 곳으로 이동하게 되어 있어. 이런 열의 이동에는 복사, 전도, 대류가 있는데 조금씩 달라."

　"열도 복사가 되요? 복사기 없이도?"

　"그런 의미가 아니야. 가장 일반적인 열의 이동은 전도에 의해서야. 서로 접촉한 두 물체의 온도가 다를 때 온도가 높은 물체에서 낮은 물체로 열이 이동하는 것을 말하는데 은이나 철같이 열을 잘 전달하는 것이 있는가 하면 섬유나 플라스틱 같은 것은 그렇지 못해 열전도율이 낮아. 나무로 된 튀김 젓가락을 쓰는 것은 뜨거운 기름 속에 젓가락이 들어가도 열이 잘 전달되지 않기 때문이야. 냄비의 손잡이가 덜 뜨거운 것도 철로 된 냄비에 비해 플라스틱으로 된 손잡이가 열전도율이 낮아서야. 열이 가해지면 물체의 원자 속의 전자들이 열을 전달해 전도가 일어나니까 자유 전자가 많을수록 전도를 잘하게 되니 물질마다 전도율이 달라지겠지. 주방에 있는 냄비나 프라이팬을 보면 어느 것이 자유 전자가 많을지 알겠지?"

　"금속의 열전도율이 크니 원자 안에 자유 전자가 많다는 걸 알 수 있어요."

　"알루미늄 냄비가 철 냄비보다 빨리 끓는 이유도 이젠 알겠지?"

　"열전도율이 크기 때문이죠."

"그럼 물질의 상태에 따라 전도율이 달라진다는 것도 쉽게 알 수 있겠지?"

"분자들이 가까이 있으면 옆에 있는 분자들에게 열을 이동하기가 쉬울 테니 고체가 액체나 기체보다 전도가 잘 되겠군요."

"맞아. 액체나 기체는 전도보단 대류에 의해 열을 이동시키지. 대류는 액체나 기체가 직접 움직이면서 열을 이동해 주는 것을 말해. 밀도 차이나 압력의 차이에 의해 나타나지. 액체나 기체는 온도에 따라 부피가 달라지므로 밀도가 달라진다는 것은 알지?"

"네. 그리고 온도가 높아지면 부피는 커지고 밀도는 작아져 위로 올라가게 되고, 온도가 낮아지면 부피는 작아지고 밀도가 커져 아래로 내려가게 된다는 것도요."

"바로 그런 밀도 차에 의해 기체나 액체가 이동하면서 열이 전달되는 현상이 대류야. 목욕탕의 온탕에 들어갔을 때를 생각해 봐. 발을 넣는 순간은 굉장히 뜨거운 것 같은데 막상 탕 속에 들어가면 덜 뜨겁잖아. 목욕탕 물이 데워지면 밀도가 작아져 가벼워지기 때문에 위로 올라오고 물이 식으면 아래로 내려가기 때문이지."

"하지만 공기는 높은 산으로 올라갈수록 온도가 낮아지잖아요. 산에 가면 추운데 그건 왜 그래요?"

"산 위로 갈수록 공기가 적어져서 기압이 낮아지게 돼. 기압이 낮아지면 공기의 팽창이 일어나서 온도가 낮아지는 거야."

"큰 건물에는 보통 회전문이 있잖아. 여름에는 밖은 덥고 건물 안은 냉방기기를 틀어 시원하겠지? 이때 건물의 출입문이 여닫이라면 문을 열면 더운 공기는 건물 안으로 밀려 들어가고 시원한 공기는 밖으로 빠져나가게 되겠지. 겨울에는 반대가 될 테고. 그렇게 되면 냉방과 난방에 드는 비용이 훨씬 많아져 에너지 소모가 커지게 되는 거야. 회전문은 안팎의 공기들의 대류에 의한 이동을 차단하기 위한 것이지. 또 있어."

"대류는 정말 많은 곳에 있나 보죠?"

"회전문을 이해했으니 육지와 바다에 부는 바람은 쉽게 이해할 거야. 육지와 바다는 똑같이 더워질까?"

"물이 있는 바다가 천천히 더워지고 천천히 식어요."

"그럼 밤과 낮에 바다와 육지 중 온도가 높은 곳이 다르겠지?"

"으음~~, 낮에는 육지가 빨리 더워지니까 육지 온도가 높고 밤에는 바다가 천천히 식으니까 바다의 온도가 높아요."

"정말 대단해. 그럼 바람의 방향이 낮과 밤에 다르겠지?"

"공기의 온도가 다르니 밀도 차이가 생기고 밀도 차이 때문에 공기가 이동하게 되는 거니까 진짜 회전문하고 비슷하네요."

"네가 한번 정리해 보렴."

"햇빛 때문에 낮에 육지가 바다보다 빨리 더워져 바다에 비해 따뜻하니까 바람은 바다에서 육지로 불고, 밤이 되면 바다가 천천히 식어서 이번에는 바다에 따뜻한 공기가 생기니까 바람은 육지에서 바다로 불게 되요."

"너무 잘 했어."

"그런데 복사는 어떤 거예요?"

"가스 불 가까이 손을 가져가면 어때? 열이 느껴지니?"

"따뜻한 게 느껴지지요."

"그건 전도일까? 아님 대류?"

"대류요."

"왜 그렇게 생각해?"

"전도는 붙어 있는 물체 사이에서 열이 이동되는 건데 가스 불과 직접 닿은 건 아니니까 그건 아니고, 대류는 공기가 따뜻해져서 열이 이동하니까 대류에 의한 거죠."

"가스 불에서 멀리 떨어져 봐. 가까이 있을 때와 같아? 난로 가까이 있을 때와 멀리 있을 때 그 따뜻한 정도가 같을까?"

"그건 달라요. 그래서 서로 난로 가까이 가려고 싸우고 그러잖아요."

"대류에 의해 공기가 따뜻해지는 것은 맞는데 대류만으로는 설명이 부족하다고 생각지 않니? 대류는 열을 전달해 주는 액체나 기체가 있어야 가능한데 진공 상태에서는 어떨까?"

"불가능하겠죠."

"그럼 태양 빛은 공기가 없는 우주 공간을 지나 지구까지 오는데 어떻게 올까?"

"그러네요. 다른 무엇이 있나요?"

"복사열이지. 난로 가까이 있으면 더 따뜻한 것은 난로의 열이 직접 우리 몸까지 전달되기 때문이야. 중간에 열을 전달해 주는 물질 없이 열이 직접 전달되는 현상을 복사라고 해. 아까 말한 태양 에너지가 지구에 오는 것도 복사의 한 예이지. 전자렌지의 마이크로파도, 추운 겨울에 온실에서 여름 과일을 키울 수 있는 것도 이 복사 에너지를 이용한 거야. 비닐은 태양의 복사 에너지를 온실 안으로 통과시키지만 빠져나가는 것을 막아 주기 때문에 온실 안이 따뜻한 거야."

"그럼 여름에 누가 가까이 오면 덥잖아요. 그것도 복사예요? 몸이 직접 닿은 것도 아닌데 덥거든요."

"모든 물질은 자신의 온도에 해당하는 에너지를 방출하고 그 열은 복사에 의해 전달된단다."

고체만 녹는다구? 액체도 기체도 녹일 수 있어!

"멸치 좀 건져내 줄래."

"멸치는 왜 건져내요? 파나 다른 것들은 그냥 같이 끓이잖아요."

"그냥 둬도 괜찮아."

"아니에요. 된장 속에 들었던 멸치 때문에 놀란 적이 있어서 싫어요. 지금 건져낼래요."

"놀랄 것도 많다."

"된장 떠먹으려는데 퉁퉁 불은 멸치가 올라오면 놀란다니까요."

"뼈째 먹는 거니까 먹어도 되는데."

"물에 삶은 멸치는 진짜 맛없어요. 으으~."

"당연하지. 멸치의 성분들이 국물에 녹아났으니 별 맛이 없을 수밖에. 아, 추출 이야기를 하면 되겠구나. 요즘 광고에 보면 추출이란 말 많이 나오잖아. 용매를 써서 어떤 물질 속에 들어 있는 특정 성분을 뽑아내는 것을 말하는데 멸치 국물을 우려내는 것도 일종의 추출이지. 멸치를 물에 넣었으니 멸치의 성분 중 어떤 것이 녹아날까?"

"물에 녹을 수 있는 것만요."

"이제 비슷한 용어들이 나오니까 혼동하지 않기를 바랄게. 용해, 용매, 용질, 용액."

"뭐가 그렇게 많아요? 용자 돌림 자매 같아요."

"우리 집 두 공주는 전혀 다른 이름인데?"

"둘도 헷갈릴까 봐 전혀 다른 이름을 지어 주신 거 아니에요?"

"뭐? 우리가 그렇게 머리가 나쁜 줄 아니? 이거 너무 한데. 하여튼 이 용어들은 알아두는 게 좋아. 이럴 때 가장 많이 드는 예가 설탕물 이지.

설탕을 물에 넣고 저어 주면 설탕물이 되는데 이때 설탕을 물에 녹였다고 말하지. 설탕처럼 녹는 물질을 용질, 물과 같이 어떤 물질을 녹이는 것을 용매, 설탕물과 같이 두 물질이 고르게 섞여 있는 물질을 용액이라고 해. 그리고 용질이 용매에 녹아서 고르게 섞여 용액

 용어 설명

- **용매** : 다른 물질을 녹이는 물질.
- **용질** : 용액 속에 녹아 들어가는 물질.
- **용액** : 용해에 의해 생긴 혼합물.
- **용해** : 한 물질이 다른 물질에 녹아 들어가는 현상.

설탕(용질) + 물(용매) ⟶ 설탕물(용액)
용해

이 되는 현상을 용해라고 한단다. 물질의 상태 변화에서 나왔던 융해와 비슷하지만 전혀 달라. 융해는 어떤 거였지?"

"융해는 고체가 열을 받아 액체로 상태가 변하는 것이에요."

"혼동하기 쉬우니 잘 기억해. 그리고 용매는 보통 물이지만 경우에 따라 달라지기도 해. 예를 들어 드라이클리닝을 할 때 물에 빠지지 않는 기름때를 빼내야 하니 물을 쓰면 안 되겠지? 그럴 경우는 벤젠을 용매로 쓰지. 그래서 어떤 용매를 쓰느냐에 따라 용액이 달라지니까, 즉 물이면 수용액, 알코올이면 알코올 용액, 벤젠이면 벤젠 용액이라고 하지."

"녹는 물질은 꼭 고체여야 해요?"

"용질이 고체만은 아니지. 사이다나 콜라 속에는 기체인 이산화탄소가 녹아 있기도 하고 술에는 액체인 알코올이 들어 있거든. 용질은 고체, 액체, 기체 모두 가능한데 액체의 경우는 두 액체 중 양이 많은 것을 용매, 양이 적은 것을 용질이라고 해."

"멸치 속에 있는 것 중 물에 녹는 것이 빠져나와 국물이 만들어지는 거군요. 멸치 국물은 용액이네요, 수용액."

"더 이상 가르칠 게 없군."

"하산할까요?"

"그러시지요."

"아, 뜨거워. 얼른 비키세요. 얼른요."

"조심해."

"행주로 쌌는데 왜 이렇게 뜨거워요? 행주는 열전도율이 낮다고 했잖아요?"

"젖은 행주니까 그런 거야. 마른 행주로 잡으면 뚝배기와 행주 사이에 아주 얇은 공기층이 있지만 젖은 행주는 물이 행주와 뚝배기를 바로 연결시켜 주고 물이 공기보다 열전도가 빠르니까."

"그러네요. 기체보단 액체가 분자들이 가까이 있으니 열전도가 빠르다는 것을 이론적으로는 잘 알고 있으면서도 마른 행주와 젖은 행주에는 적용이 안 되니…. 하산 못하겠어요. 잉잉!"

오늘은 어떤 실험해요?

실험 1 어? 부피는 줄었는데 무게는 늘었네!

준비물 설탕, 물, 저울, 계량컵, 콩, 참깨, 채반(깨는 통과하고 콩은 통과하지 못할 정도의 구멍을 가진 것)

방법 ❶ 물 100cc와 설탕 50cc를 준비하여 각각의 질량(무게)을 잰다.

　　　❷ 물에 설탕을 넣어 녹인 후 설탕 수용액의 질량을 잰다.

　　　❸ 콩과 참깨를 이용하여 위와 같은 방법으로 실험을 한다.

　　　❹ 콩과 참깨는 채반으로 분리한다.

이건
말이지... 고체 용질이 용매에 녹을 때 부피는 줄어드는데 질량은 변하지 않는다. 용매와 용질 모두 전체 입자 수에 변화가 없기 때문에 질량이 변하지 않지만 고체 용질 입자들이 용매 입자들 사이의 공간에 나누어져 끼어들면 서로 고르게 섞이기 때문에 용액의 부피는 녹기 전의 용질과 용매의 부피를 각각 측정한 값을 합한 것보다 줄어든다. 콩과 참깨를 예로 설명해 보는 것도 좋다. 알갱이 크기가 서로 다른 콩과 참깨를 섞으면 부피가 줄어드는데, 그 까닭은 큰 알갱이인 콩 사이에 공간이 만들어지고 작은 알갱이인 참깨가 그 공간 속으로 들어가기 때문이다. 그러나 알갱이의 수는 변하지 않기 때문에 질량은 차이가 없다.

콩과 참깨가 섞인 경우는 크기가 다른 두 고체의 혼합물이므로 크기의 차를 이용하면 쉽게 분리할 수 있다. 참깨는 통과하지만 콩은 통과할 수 없는 구멍이 있는 채반 등을 이용해 분리하면 된다. 이처럼 혼합물을 분리하려고 할 때는 섞여 있는 물체의 차이점을 이용하면 된다. 철가루와 모래는 자석에 붙는 성질을 이용하고, 에탄올과 물은 끓는점을, 식용유와 물은 밀도 차이를 이용하여 분리할 수 있다.

실험 2   뭐가 더 차가워?

준비물   은 숟가락, 플라스틱 숟가락

방법   냉장고에 은 숟가락, 플라스틱 숟가락을 넣어 두었다가 꺼내 만져 본다.

 은 숟가락이 플라스틱 숟가락에 비해 훨씬 차갑게 느껴지지만 두 숟가락의 온도에 차이가 있는 것은 아니다. 은이 열을 전달하는 능력이 뛰어나서 숟가락이 가지고 있는 차가움을 몽땅 우리에게 전달해 주지만 플라스틱은 열전도력이 작아 자신이 가지고 있는 차가움을 우리에게 제대로 전달해 주지 못하기 때문이다. 두 숟가락의 온도는 같지만 보통 말하는 체감 온도가 다를 뿐이다.

실험 3   물을 두 층으로 나누자

준비물   투명한 플라스틱 통, 소주잔, 빨간색 물감

방법   ❶ 플라스틱 통에 찬물을 담는다.

❷ 소주잔에 물을 아주 조금 넣고 빨간색 물감을 푼다.

❸ 물감이 든 소주잔에 뜨거운 물을 부은 뒤 찬물이 든 플라스틱 통 가운데 재빨리 넣는다.

※ 주의 : 플라스틱 통의 높이는 소주잔보다 높을수록 좋고 소주잔을 큰 통에 넣을 때는 기울어져 넘어지지 않게 한다.

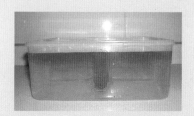

빨간 물감을 탄 뜨거운 물은 밀도가 작아 찬물과 바로 섞이지 못하고 찬물의 위쪽에 머물게 된다. 목욕탕 안 물의 윗부분이 더 뜨거운 것, 따뜻해진 공기가 위로 올라가는 것 등이 이런 대류에 의해 일어나는 현상이다.

게임 1 대류 현상 찾기

- 에어컨을 천장 가까이에 단다.
- 방 한쪽에 난로를 두어도 방 전체가 따뜻해진다.
- 겨울에 따뜻한 방의 창문을 열면 찬 공기가 밀려 들어온다.

- 냉장고 냉각기는 위에 붙어 있지만 물건은 아래쪽에 보관한다.
- 보일러를 틀면 방바닥에만 열이 가해지지만 방 안 전체가 따뜻해진다.

11 짠 된장찌개

농도, 용해도

농도 100% 용액이 있을까?

지난번 엄마 아플 때 네가 타 준 설탕물 고마웠어. 농도가 진해서 너무 달긴 했지만. 덜 녹은 설탕 알갱이가 컵 바닥에 보이는 과포화 용액이었거든. 물을 조금 더 넣었더라면 농도를 낮출 수 있었을 것이고 물이 조금 더 뜨거웠다면 설탕 알갱이들이 다 녹았을 거야. 용액의 종류와 농도에 대해 알아보기로 하자. 주스를 사러 가면 100%, 50%라는 말이 적혀 있는데 어떤 의미일까? 그런데 주스와는 달리 탄산음료는 뚜껑을 열면 기포가 막 올라오잖아. 그 이유는 뭘까? 더운 날과 추운 날 기포의 수가 같을까 다를까? 오늘 주스도 사고 사이다도 사야겠다고? 이런~~~.

● ●

"또 된장찌개예요?"

"너 좋아하잖아."

"그래도 너무 자주 먹는 것 같아요. 어제도 그저께도. 그리고 아버지가 끓인 것도 아니고. 너무 심해요, 정말."

"오늘은 달라. 특별한 된장찌개를 먹게 될 거야."

"특별한 된장찌개요?"

"오늘은 너 혼자서 끓일 거니까."

"저 혼자서요? 완전히 저 혼자 한단 말이죠? 어머니 절대 도와주시면 안 돼요, 알았죠? 진짜로 도와주면 안 돼요."

"그럴게. 오늘 정말 특별한 된장찌개 먹게 될 기대만 하고 있을게. 맛있게 만들어 줘. 아버지보다 네가 더 맛있게 끓일 수 있을 거야. 꼭 명심할 건 불조심, 칼 조심, 알지?"

"너무 신난다. 뭐부터 해야 하지? 멸치부터. 일곱 마리? 열 마리? 많이 넣으면 좋을 테니까 열다섯 마리 해야지."

(한참 후)

"어머니, 큰일 났어요. 이리 와 보세요."

"절대 도와주면 안 된다면서?"

"얼른 와 보시라니까요. 얼른요 얼른."

"왜 그래?"

"어떡해요? 너무 짜요. 소금도 안 넣었는데 왜 짜요?"

"된장에 이미 소금이 들어가 있거든. 너무 잘 하고 싶어 욕심이 지나쳤군, 공주. 뭐든 너무 지나친 것은 모자람만 못하다 했는데."

"많이 넣으면 더 맛있을 거라 생각했어요. 그래서 멸치도 많이 된장도 많이 넣었는데. 정말 너무 짜요."

"농도가 진하니 당연히 짤 수밖에."

"이렇게 짠 된장찌개를 어떻게 해요?"

"어쩌기는. 농도를 낮춰 주면 되지."

"농도를 낮춰요? 어떻게요?"

농도가 다른 녹차

"간단해. 네가 농도를 이해한다면 쉽게 해결할 수 있을 거야. 농도가 해결의 열쇠거든."

"그래요?"

"대신 양이 많아진다는 부작용은 있지."

"맛도 별로 없는데 양이 많아진다면 그건 치명적인 부작용인데 큰일이네요. 흑흑흑."

"그래도 너무 짜서 못 먹는 것보다는 낫잖니? 싫음 말고."

"아니에요. 얼른 해결의 열쇠라는 농도에 관해 말씀해 주세요."

"가장 일반적으로 퍼센트 농도를 사용해. 용액 100g 속에 녹아 있는 용질의 그램 수를 말하는데 쉽게 말해 물 90g에 소금이 10g 녹아 있으면 10% 소금물이 되는 거지."

"15% 소금물을 만들려면 무엇이 얼마나 있어야 할까?"

$$\text{퍼센트 농도(\%)} = \frac{\text{용질의 질량}}{\text{용액의 질량}} \times 100$$

$$= \frac{\text{용질의 질량}}{\text{용질의 질량 + 용매의 질량}} \times 100$$

"물과 소금이 있어야 하죠. 소금은 용질이고 물이 용매고. 용액의 질량을 알아야 하는데 어떻게 해요? 소금물은 아직 만들지도 않았는데?"

"간단하게 생각해. 용질인 소금을 15g 준비하고, 용매인 물을 얼마나 준비해야 될지 모르는 거잖아. 용액이 100g이 되도록 해야 하니까 소금과 물을 더한 양이 100g이 되면 되잖아. 용액이 100g 되려면 용질인 소금이 15g 있으니 물은 85g 있으면 되겠지."

"그런데 이게 왜 비밀의 열쇠예요? 계산한다고 짠 된장찌개가 싱거워지는 건 아니잖아요."

"물론 농도 계산이 된장찌개를 싱겁게 만들어 주지는 않지. 하지만 잘 생각해 봐. 10%와 15% 소금물 중 어느 것이 더 짤까? 두 개를 잘 비교해 봐."

"소금 10g과 물 90g, 소금 15g과 물 85g. 소금이 많은 것이 더 짜요. 게다가 소금이 많은데 물은 더 적으니 당연히 15%가 훨씬 짜겠지요."

"농도를 다르게 하기 위해서는 어떻게 하면 될까? 방법 두 가지."

"소금의 양을 적게 해 주거나 물의 양을 많이 해 주면 되요."

"그럼, 된장찌개는 해결이 됐네."

"소금을 줄일 수는 없으니, 이게 뭐예요. 이렇게 간단한걸. 심하게 속은 기분이에요."

"속기는 뭘 속아. 농도를 알면 해결이 된다고 했잖아."

"그냥 간단하게 물 더 부어, 하시면 될 걸 이렇게 빙빙 돌려 이야기하시다니. 뭔가 대단한 방법이 있는 줄 알았잖아요."

"공주, 이러는 사이에도 농도는 점점 진해진다는 걸 아는감?"

"왜요? 아, 맞아요. 이야기하는 동안 물은 자꾸 날아가 버리니 물의 양이 적어지면 농도는 점점 더 진해지잖아요. 큰일 났네. 다 졸은 거 아냐? 얼른 물을 부어야지."

"너무 많이 붓지는 마. 맛을 봐 가면서 농도 조절을 잘해야지. 너무 싱거워져서 된장 더 넣고 다시 너무 짜서 물 더 넣고 하다간 한 달 내내 된장찌개만 먹어야 할지 모르니까 말이야."

"으아악~ 그럼 정말 큰일이지요."

"한 가지만 더."

고체는 따뜻할수록, 기체는 차가울수록 더 많이 녹아요

"안 돼요. 이러다간 농도가 점점 진해져서 100%가 될지도 몰라요."

"바로 그걸 이야기하려고 하는 거야. 농도 100% 용액은 가능할까?"

"물이 점점 줄어들어, 잠깐만요 잠깐만요. 100이 되려면 소금 100, 소금물도 100이어야 하는데 소금이 100이니 물이 하나도 없어야 하는데. 그럼 소금만 있을 때만 가능하잖아요. 그게 무슨 용액이에요? 그냥 소금이지."

"100%가 될지 모른다고 한 건 너였어."

"아, 그런가?"

"네가 말한 것처럼 100% 용액이란 건 있을 수 없어."

"그래도 99%는 될 거 아니에요."

"100%가 될지도 몰라. 용액이 아닌 상태로는 가능할 수도 있으니."

"으악, 난 몰라요. 진짜 거의 다 졸았어요."

"용질이 용매에 녹는 데는 한계가 있어. 설탕물 탈 때 설탕을 너무 많이 넣으면 다 녹지 않고 설탕 알갱이가 바닥에 남아 있는 거 보이잖아. 그때를 과포화 용액이라고 하지. 일정 온도와 압력에서 용질이 용매에 최대로 녹아 있는 상태를 포화 용액이라 하고."

"덜 녹은 것은요? 그러니까 설탕을 더 넣어도 될 때는 뭐라고 해요?"

"불포화 용액."

"아직 배가 고픈 상태네요. 사람으로 비교하면."

"무슨 소리야?"

"불포화 용액은 아직 배가 덜 차서 밥을 더 먹을 수 있는 상태라는 거죠."

"용해도라는 것이 있어. 용매 100g에 최대한 녹을 수 있는 용질의 양을 말하는데 각 물질은 용매에 녹는 양이 다르기 때문에 용해도는 그 물질을 다른 물질과 구별하는 특성 중 하나지."

"물에 녹는 정체불명의 물체가 있다. 그럴 때 물 100g에 녹는 양이 몇 g인가를 알아보면 그 물질의 정체를 알 수 있다. 그런 말씀이군요."

"넌 역시 대단해. 그런데 설탕이 녹는 양은 온도와 관계가 있을까?"

"당연하지요. 저번에 어머니 감기 걸렸을 때 제가 설탕물 타 드렸 잖아요. 따뜻한 물에 훨씬 잘 녹아요."

"보통 설탕처럼 고체는 온도가 높으면 용해도가 커지지."

"그럼 다른 것도 있어요?"

"기체의 경우는 달라. 사이다에는 뭐가 녹아 있다고 했었지?"

"이산화탄소요."

"냉장고에 들었던 차가운 사이다와 아주 더운 날 밖에 두었던 것 을 컵에 부으면 거품의 양이 달라. 그 거품은 뭐고 거품 양이 다른

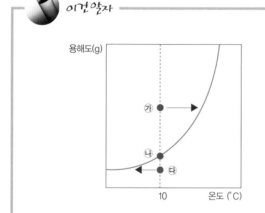

10℃의 온도에서 세 용액 ㉮, ㉯, ㉰를 비교해 보자. 용해도 곡선 위에 있는 용액 ㉯는 포화 상태, 용해도 곡선의 위쪽에 있는 용액 ㉮는 과포화 상태, 용해도 곡선의 아래쪽에 있는 용액 ㉰는 불포화 상태를 나타낸다. ㉮와 ㉰ 용액의 온도를 변화시켜 주어 용해도 곡선 위에 가도록 하면 포화 상태를 만들 수 있다.

이유는 뭘까?"

"거품이 이산화탄소인 건 알겠는데 왜 그런지는 모르겠어요."

"거품이 나오는 것은 사이다 속에 녹아 있던 이산화탄소가 더 이상 녹아 있을 수 없기 때문에 쫓겨 나는 거지."

"쫓겨 나요?"

"기체의 용해도는 고체와는 달리 온도가 높으면 감소해. 온도가 낮을 때는 많이 녹아 있을 수 있지만 온도가 올라가면 녹을 수 있는 양이 적어지니 쫓겨 날 수밖에.

물을 가열하면 끓기 전에 조그만 기포가 냄비 안쪽 벽에 생기는 걸 보았을 거야. 물이 끓어서 그런 거라 생각하기 쉬운데 그것은 물에 녹아 있던 산소나 이산화탄소 같은 기체들이 온도가 올라감에 따라 용해도가 감소해 쫓겨 나고 있는 중인 거야."

"그래도 궁금한 게 있어요. 용해도가 온도에 따라 다르다고 했는데 그럼 아주 차가운 사이다에서는 거품이 생기지 않아야 하는데 차가운 사이다에서도 거품은 생기잖요."

"기체의 용해도는 온도뿐만 아니라 압력에도 영향을 받아. 페트병의 마개를 열면 병 속의 압력이 변하는데 어떻게 될까?"

"압력이 낮아져요."

"사이다를 병에 넣을 때는 압력이 높으면 기체가 많이 녹는 성질을 이용해 이산화탄소를 많이 넣고는 압력을 높여 두는 거지. 그래야 톡 쏘는 맛을 내게 될 테니까. 병의 마개를 열 때 압력이 낮아지니 높은 압력 때문에 녹아 있던 이산화탄소들이 또 쫓겨 나오는 거야."

"불쌍해요. 자꾸 쫓겨 나니까. 김 빠진 사이다는 맛도 없는데 쫓아 내지 말지."

"불쌍하다고? 용해도 이상 녹아 있는 걸 허락하지 않으니 할 수 없지 뭐. 어머니는 김 빠진 것만 마시는데."

"여러 가지로 특이하셔요. 김 빠진 사이다가 얼마나 맛이 없는데."

"그거야 개인의 입맛이니 뭐라 하면 안 되지."

 이건알자

1. 물 100g에 설탕 25g을 넣으면 몇 % 용액이 되는가?

풀이 : $\frac{25}{125} \times 100 = \frac{2500}{125} = 20$

답 : 20%

2. 25% 설탕 용액을 만들기 위해 설탕과 물은 각각 몇 g이 있어야 할까?

풀이 : 설탕 25g을 준비하고 설탕과 물을 합한 양이 100g이 되어야 하니 물은 75g

있어야 함.

답 : 설탕 25g, 물 75g

오늘은 어떤 실험해요?

실험 1 냉장고는 필요 없어

준비물 요구르트, 얼음, 소금, 뚜껑 있는 플라스틱 통

방법 ❶ 플라스틱 통에 준비한 얼음의 반을 넣고 요구르트를 넣는다.

❷ 그 위에 남은 얼음을 넣고 소금을 뿌리고 뚜껑을 닫아 둔다.

이건 알아요지 얼음이 든 그릇에 요구르트를 담아 두면 그 열이 얼음으로 이동해 얼음은 녹게 되고 요구르트는 시원해진다. 이때 소금을 뿌리면 소금이 녹는데도 많은 열이 있어야 하므로 얼음만 있을 때보다 훨씬 더 많은 열을 필요하게 된다. 따라서 소금을 뿌려 주면 주변으로부터 많은 열을 빼앗게 되고 열을 많이 빼앗긴 요구르트는 결국 얼게 된다.

이처럼 혼합물의 어는점이 낮다는 것을 이용해 눈이 오는 날 도로에 소금이나 염화칼슘을 뿌린다. 눈에 소금이나 염화칼슘이 섞이게 되면 소금이나 염화칼슘이 녹기 위해 많은 열이 필요하므로 눈의 열을 빼앗게 되고 이 때문에 눈이 얼지 않고 녹아 빙판길이 되는 것을 막을 수 있다. 순물질인 강물은 얼지만 소금이 녹아 있는 혼합물인 바닷물이 거의 얼지 않는 것도 같은 이유이다.

실험 2 사라진 설탕을 찾아라!

준비물 따뜻한 물, 설탕, 컵, 숟가락, 큰 그릇

방법 ❶ 물이 담긴 컵에 설탕을 많이 넣어 과포화 상태의 용액이 되도록 한다.

　　　❷ 설탕물 용액이 든 컵을 큰 그릇에 담고 그 그릇에 따뜻한 물을 부어 온도

　　　　를 높여 주며 설탕 알갱이가 사라지는지 관찰한다.

　　　❸ 설탕이 다 녹은 상태에서 컵을 냉장고에 넣어 둔다.

　　　❹ 다시 설탕 알갱이가 생기는 것이 보이면 ②의 과정을 되풀이해 본다.

이건
말이지　용질이 용매에 녹는 정도인 용해도는 온도에 영향을 받는다. 과포화 상태에

서 녹지 못한 설탕 알갱이들은 온도를 높여 주면 다 녹게 된다. 하지만 냉장고에 넣어

다시 온도를 낮춰 주면 물의 양이 변하지 않더라도 용해도가 낮아지기 때문에 녹지

못한 설탕 알갱이들이 다시 나타난다. 고체의 용해도는 온도가 높아지면 커지고 온도

가 낮아지면 작아지기 때문에 용해도는 온도와 함께 표시해야 한다.

12 달걀찜

중탕, 전자렌지의 원리, 혼합물의 끓는점

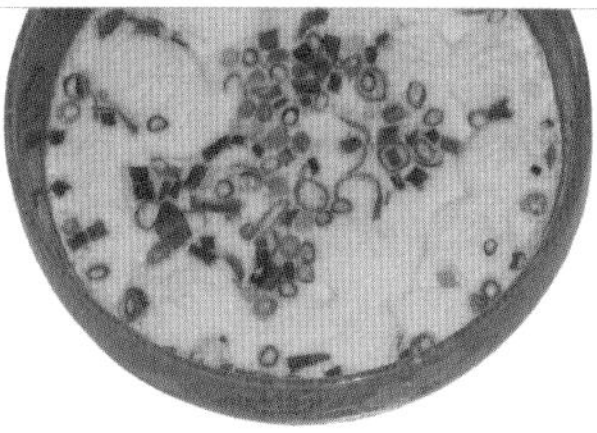

물 분자의 마찰열로 음식이 익는다구?

엄마가 너보고 친구들과 마찰 없이 잘 지내라고 부탁하잖아. 그런데 마찰을 일으켜야만 하는 게 있다는 거 아니? 전자렌지는 음식물 속의 물 분자들끼리 마찰을 일으키도록 유혹(?)해서 그때 나오는 마찰열로 음식을 익힌단다. 우리의 생활을 편리하게 만들어 준 전자렌지의 원리를 알아보자. 그런데 밥할 때 달걀찜을 하면 전자렌지에 한 것보다 훨씬 부드럽거든. 그 비밀은 중탕에 있어. 비밀은 풀어야 맛이겠지? 요리를 하다 보면 화상을 입을 수가 있으니 조심해야 하는데, 여기서 질문 하나? 라면 먹으려고 끓이고 있는 물이 뜨거울까, 뚝배기의 된장찌개가 뜨거울까? 즉, 순물질과 혼합물의 끓는점이 어떻게 다른가를 묻고 있는 거야. 오늘 풀어야 할 비밀이 아주 많지? 자, 출발!

"달걀 껍질은 흰 것도 있고 갈색도 있는데 왜 그래요?"

"그거야 닭의 품종이 다르니까 그렇지. 껍질 색만 다를 뿐 영양가에는 차이가 없어. 달걀을 접시에 깨 볼까? 달걀찜 할 건데 깨는 김에 달걀에 대해 꼼꼼히 알아보는 것도 좋잖아."

"여기 노른자가 나중에 병아리가 되는 거죠?"

"왜 그렇게 생각해?"

"노란 병아리가 태어나잖아요."

"그럼 검은색 병아리는? 검은자도 있나?"

"검은색 병아리는 염색한 거 아니에요?"

"아니야. 달걀에서 노른자는 영양분이야. 달걀은 사람처럼 엄마의 뱃속에서 자라 병아리로 태어나는 것이 아니라 알로 태어나 부화하잖아. 사람은 아기가 자라는 데 필요한 영양분을 탯줄을 통해 공급받지만 달걀은 어떨까? 아니, 왜 그렇게 웃어? 너무 웃어서 기절한 사람도 있다는데 네가 그럴 수도 있겠다. 진정해."

"너무 웃겨서요. 달걀이 엄마 닭에게 연결되어 있는 걸 생각하니 너무 웃겨서 참을 수가 없어요."

"정말 너만이 할 수 있는 상상이다. 병아리로 태어날 때까지 영양분은 필요한데 네가 상상하는 것처럼 어미 닭이 알에게 양분을 전해 줄 수도 없으니 어떡하지?"

"달걀 속에 다 들어 있으면 되잖아요."

"바로 그게 노른자야. 영양분의 저장 창고라 할 수 있지. 노른자는 껍질과도 상관없이 어미 닭의 먹이에 따라, 녹황색 야채를 많이 먹

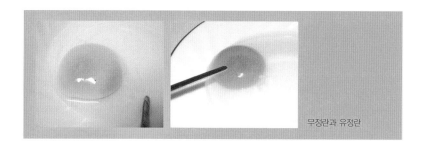
무정란과 유정란

은 닭의 알은 노른자 색이 진해지는 거야."

"그럼 병아리는 어딨어요?"

"달걀에는 유정란과 무정란이 있어. 보통은 무정란, 즉 수정하지 않은 난자의 상태여서 병아리가 부화하지 못하지만 유정란은 암탉과 수탉이 짝짓기를 해서 낳은 알이라 부화의 조건만 맞춰 주면 병아리가 태어나지. 유정란과 무정란은 깨뜨려 보아도 구별할 수 있어. 여기 노른자위에 하얗게 밥알처럼 보이는 부분 있지? 그게 배반인데 나중에 수정해서 병아리가 될 부분이야. 이 배반의 색이 이것처럼 진한 흰색이면 무정란, 백색이 연하고 중심부가 뚜렷하지 않으면 유정란이라고 보면 돼."

"자, 이제 휘저어서 달걀찜을 만들어 볼까요? 냄비에 물 받아 가스불에 올려 줘."

"전자렌지에 해도 되잖아요? 전자렌지에 보면 달걀찜 할 때 누르는 버튼도 있어요."

"물론 그래도 되지."

"그런데 전자렌지는 어떻게 음식을 익히는지 궁금해요."

"전자렌지의 원리가 궁금하단 말이지? 물질의 원자 구조를 기억해

내야 하는데, 어때?"

"기억하고 있어요. 원자는 원자핵과 전자로 되어 있는데 원자핵은 (+)전하를 전자는 (−)전하를 띠고 있어요."

"전자렌지는 음식물 속에 들어 있는 수분을 이용해 음식을 익혀 주는 거야. 대부분의 음식은 물을 포함하고 있는데 물 분자의 구조는 극성을 띠고 있어. 수소 이온 쪽은 양전하를 산소 이온 쪽은 음전하를 띠고 있는 거지. 음식물에 극성을 띤 고주파(마이크로파)를 가하게 되면 분자들의 양전하를 띤 부분은 음전하를 띤 쪽으로 움직이고 음전하를 띤 부분은 양전하를 띤 쪽으로 움직이게 돼. 서로 다른 전하를 좋아하거든. 이때 고주파의 방향을 바꾸게 되면 그 방향에 따라 움직이게 되니 분자들 사이에 마찰이 일어나고 그로 인해 열이 발생하게 되는 거야. 따라서 고주파의 방향을 자꾸만 바꾸어 주면 마찰열이 점점 커지게 되어 음식물이 익게 되는 거지.

전자렌지는 이런 성질을 이용한 것인데 아주 높은 고주파를 발생시켜 음식을 익게 만들어. 1초에 24억 5천만 번이나 고주파의 방향을 바꾸어 주니 음식물의 분자들도 1초에 24억 5천만 번이나 양전하와 음전하를 띤 쪽으로 왔다 갔다 하게 되니 마찰열이 얼마나 많이 발생하겠어. 결국 음식물 자신이 열을 내게 되고 그 열에 의해 음식물이 익게 되는 거지."

"전자렌지 문에는 왜 철조망이 있어요?"

"철조망이라니? 무시무시한 말을 하는구나. 문 안쪽에 아주 촘촘한 구멍이 뚫린 그물망이 있는데 고주파가 밖으로 나가는 것을 막기 위한 거야. 고기를 익힐 수 있으니 이 고주파가 사람 몸에 닿으면 어떻게 될까?"

"우리 몸도 물 분자가 많으니 고주파의 회전에 따라 이리저리 움직이게 될 거고 그러면 마찰열이 발생하고…. 익어 버리겠군요. 으악, 전자렌지는 너무 무서운 거군요."

"그물망이 고주파가 전자렌지 밖으로 통과하는 걸 막아 준다고 했잖아. 그래도 전자렌지가 작동하고 있을 때는 가까이 가지 않는 것이 좋아."

"저번에 샌드위치 만들 때 달걀을 전자렌지에 삶아 볼걸."

"이런, 무슨 그런 큰일 날 소리를?"

"왜요? 달걀에도 물이 있으니 익을 텐데요."

"달걀을 물에 삶을 때 끓는 물의 열이 달걀에 전달돼 익게 되는 거야. 전자렌지에 달걀을 넣고 스위치를 누르면 달걀 속의 물 분자가 수증기로 변하게 되겠지? 그럼 어떻게 될까? 팝콘을 상상해 봐."

"달걀이 팝콘처럼? 맞아요. 물이 수증기가 되면 부피가 1700배 가까이 늘어난다고 했었으니… 팝콘이 될 때처럼 달걀 껍질이 터지면? 큰일이지요. 전자렌지 안이 달걀 파편으로 난리가 나겠어요."

삶으면 삶을수록 끓는점이 높아져요

"그렇지. 자, 이제 중탕의 원리를 알아볼까? 여기 냄비에 물을 넣고 다시 물이 담긴 그릇을 하나 더 넣은 다음 가스 불을 켠다. 여기서 질문 하나. 냄비 안의 물과 그릇 안의 물은 둘 다 끓을까?"

중탕

"달걀 담은 그릇을 넣어야 찜을 하죠."

"그건 좀 있다가. 물은 둘 다 끓을까?"

"가스 불을 켜서 열을 주었으니 당연히 끓겠죠. 물은 온도가 높아
지면 상태가 변하잖아요. 기체로. 이것을 기화라고 합니다. 이때 물
체가 흡수하는 열을 기화열이라고 하지요. 푸하하, 난 역시 똑똑해."

"그럼 너의 예상이 맞는지 볼까?"

"어~ 냄비의 물은 끓는데 왜 그릇 안의 물은 안 끓어요?"

"먼저 열의 이동을 이야기해야겠지. 지금처럼 냄비 안의 물이 끓
는 것은 왜일까?"

"전도와 대류에 의해서죠. 처음에는 전도에 의해 열이 냄비 아래
쪽에서 위로 전달되다가 열을 많이 받게 된 물 분자들이 위로 올라
오게 되고 온도가 내려간 위쪽의 물 분자들은 다시 내려가면서 대류
현상이 나타나는 거잖아요."

"그럼 그릇 안의 물에는 대류 현상이 나타날까? 냄비 안의 물과 그
릇 안의 물은 어떤 차이가 있을까?"

"냄비의 물은 열이 가해지는 냄비 바닥에 있는 쪽의 온도와 위쪽

에 있을 때의 온도가 다르겠지만 그릇 안의 물은 냄비의 물이 오르락내리락하면서 그릇 전체에 비슷한 열을 동시에 주니까… 아, 알겠어요. 대류 현상이 일어나지 않는군요."

"중탕의 비밀은 바로 전체에 열을 골고루 전해 준다는 거지. 옛 어른들의 지혜는 참으로 놀라워. 어떻게 밥솥 안에 넣고 찔 생각을 했을까? 하여튼 옛 어른들의 과학적인 지혜는 생각할수록 대단하단 말이야."

"또 다시 어머니의 옛 어른 예찬론이 시작되는군요. 이제 귀가 따가울 지경이니 적당히 하심이 어떠실런지요? 결국 그릇 안의 물은 아래위 온도 차이가 없어 대류 현상이 일어나지 않는다는 거죠? 그런데 어머니의 질문은 그게 아니었던 것 같은데요? 끓을까, 였지 대류가 일어날까는 아니었던 것 같은데요?"

"맞아. 다시 묻겠어. 냄비의 물과 그릇의 물은 끓을까?"

"냄비의 물은 벌써 끓고 있고, 그릇의 물이 문제인데…. 아주 오래 이렇게 계속 열을 가하면 끓지 않을까요?"

"열평형이라는 말 들어 본 적 있니? 온도가 다른 두 물체 사이에서 높은 온도의 물체는 온도가 내려가고 낮은 온도의 물체는 온도가 올라가 두 물체의 온도가 같아지는 상태를 열평형 상태라고 하거든. 가스 불의 열이 냄비 안에 있는 물로 이동이 되고 다시 그릇에 있는 물로 이동이 되고 있어. 냄비의 물은 끓고 있으니 100℃일 텐데 만약 그릇 안의 물의 온도가 100℃가 되면 열평형 상태가 되어 버려 더 이상 열의 이동은 일어나지 않아."

"알아요. 열에너지는 온도가 높은 물체에서 낮은 물체로 일어나잖아요."

"물이 수증기가 되어 날아가기 위해서는 100℃의 온도로는 부족해. 기화시킬 그 이상의 열이 있어야 하는데 그릇 안의 물은 수증기로 바뀌는 데 필요한 기화열을 얻지 못하기 때문에 끓지 못하는 거야."

"그래서 달걀찜이 보들보들하군요. 열을 전체적으로 골고루 받고 물도 거의 날아가지 않고 남아 있어서 말이에요."

"여기서 과제 한 가지. 그릇 안의 물을 끓게 할 방법을 찾아라!"

"어휴~, 선생님 아니랄까 봐. 과제까지."

"뭘 그렇게 궁시렁대는 거야. 과제 해결할 방법 찾을 궁리나 할 것이지."

"힌트 주세요. 아주 크고 결정적인 걸로 부탁드려요."

"힌트는 열의 이동이야."

"열이야 당연히 높은 곳에서 낮은 곳으로 이동하는 것인데 그게 뭐 그리 큰 힌트라는 거예요?"

"그거 이상 큰 힌트는 없어."

"열의 이동이라…, 열의 이동. 지금 이 상황에서는 냄비의 물에서 열이 이동하는 방법밖에는 없는데…. 그릇 안의 물이 끓기 위해서는 100℃가 되어야 하는데 그러기 위해서는 냄비의 물이 100℃보다 더 높아야 가능한데. 에구 머리야. 힌트 더 주세요."

"똑똑하다고 어깨에 힘줄 때가 언제였던가? 좋아, 힌트 하나 더 주지. 된장국이 물보다 더 뜨겁다네."

"힌트도 참 큰 걸로 주십니다. 된장국이 물보다, 아! 알았어요. 냄비의 물에 소금을 넣는 거예요. 그러면 끓는점이 100℃보다 높아지게 되니까 열이 계속 그릇으로 이동하게 될 테고 그럼 그릇의 물은 끓게 될 겁니다. 어때요? 제 말 맞죠?"

"역시 똑똑하다고 힘줄 만하군. 맞아 혼합물은 순물질보다 끓는점이 높아지지. 게다가 넣어 준 소금의 양은 그대로인데 물이 증발하게 되면 농도가 자꾸 진하게 되고 그러면 끓는점은 계속 높아지게 되거든."

순물질과 혼합물의 끓는점

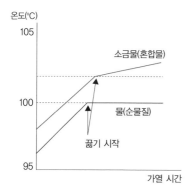

오늘은 어떤 실험해요?

실험 1　달걀의 변신

준비물　뚜껑이 있는 유리병, 크기가 비슷한 달걀 2개, 식초, 물엿, 컵

방법　❶ 달걀보다 입구가 큰 유리병에 달걀 1개를 넣고 달걀이 완전히 잠길 정도로

　　　　식초를 붓고 뚜껑을 닫는다.

　　　❷ 병 속 달걀의 변화를 관찰한다.

　　　❸ 달걀의 딱딱한 껍질이 완전히 없어지고 달걀이 부풀어 오르면 달걀을 꺼내

　　　　식초에 담가 놓지 않은 달걀과 크기와 상태를 비교한다.

　　　❹ 식초에 담갔던 달걀을 컵에 넣고 물엿을 달걀이 잠기도록 붓고 관찰한다.

　　※ 주의 : 딱딱한 껍질이 완전히 녹아도 달걀에서 떨어지지 않기 때문에 다 녹았는지 구

　　　분하기 어렵다. 그러므로 하루에 한 번 정도는 병 뚜껑을 열어 껍질의 상태를 나무젓

　　　가락으로 조심스럽게 확인해 본다.

달걀 껍질의 주성분인 탄산칼슘(석회석)이 식초와 화학 반응을 일으켜 이산화탄소 기체를 만드는데 이 기체의 힘으로 달걀이 떠오르게 되는 것이다. 시간이 지나면 딱딱한 바깥 껍질은 녹아 버리고 식초에 녹지 않는 안쪽 막만 남게 되는데 이 막이 반투성막으로 작용해 삼투 현상이 일어나 달걀이 커지게 된다.

삼투 현상은 반투성막을 경계로 농도가 다른 두 용액이 있을 때 물이 농도가 낮은 곳에서 높은 쪽으로 이동하는 것이다. 식초에 담갔을 때는 달걀 안의 농도가 높기 때문에 식초의 물이 막을 통해 달걀로 들어가 그 부피가 커진다. 반대로 농도가 진한 물엿에 담가 두면 그 농도가 달걀보다 높기 때문에 물이 다시 빠져나와 달걀 안쪽 막이 쭈글쭈글해진다. 반투성막은 물만 통과시키는데 대부분의 생물체의 세포막은 반투성막이다. 따라서 김치를 담글 때 배추에 소금을 뿌리는 것도 배추 세포가 반투성막이기 때문에 삼투 현상이 일어나 배추의 물이 밖으로 빠져나오게 하기 위한 것이다.

생물체의 세포막을 선택적 투과성막이라고도 하는데 그건 물만 이동시키는 것이 아니라 세포가 필요한 물질은 물 이외의 것도 선택적으로 통과시키기 때문이다. 생물체의 세포막은 영양소, 산소 등은 세포 안으로 받아들여야 하고 노폐물 같은 것은 세포 밖으로 내보내야 하므로 선택적으로 통과시키게 된다.

클레오파트라에 관한 일화 중 진주를 식초에 녹여 한입에 마셔 안토니우스를 놀라게 했다는 이야기가 있다. 연회장에서 클레오파트라는 귀에 걸린 거대한 진주 하나를 술잔에 떨어뜨리고 식초를 넣어 한입에 죽 마셨다고 하는데 진주의 주성분이 달걀 껍질과 같은 탄산칼슘이라는 점에서 충분히 근거 있는 얘기라 할 수 있다. 탄산칼슘은 식초를 포함한 모든 산에 잘 녹지만 진주를 곧바로 녹여 마실 수 있었는지에 대해서는 장담하기 어렵다. 진주 알갱이가 녹기까지는 어느 정도 시간이 필요할 테니까.

소화, 효소

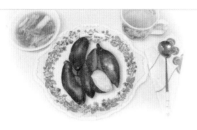

까탈스러운 효소,
소화를 돕다

밥아| 너무 뜨거워도 안 된다, 너무 식어도 안 된다. 정말 까탈스럽기는. 너의 별명을 '이쁜 효소 공주'라고 해야 할까 보다. 왜냐고? 효소가 너처럼 무지 까다롭거든. 우리가 먹은 음식물 속의 영양소들은 세포로 흡수되기에는 너무 거대해서 아주 아주 작게 분해시켜 주어야 해. 그것을 소화라고 하지. 소화는 여러 가지 소화 효소에 의해서 일어나는데 소화 효소가 어찌나 까다로운지 아무 데서나 일을 하지 않는단다. 상추에 밥 얹고 삼겹살 구운 거 얹고 쌈장도 얹어 입에 넣잖아. 그런데 입 안에서 일하는 소화 효소 아밀라아제는 삼겹살은 소화를 시키지 않는데. 자기는 단백질과 지방은 분해하지 않고 녹말만 분해한다면서 말이야. 어디서 어떤 효소가 일을 하는지 알아보자.

. . . .

"왜 물에 삶지 않고 구워요?
"더 맛있기 때문이지."
"왜요? 똑같이 익히는 건데?"
"삶는 것과 굽는 것이니 요리 방법이 다르잖아. 감자가 식물의 어느 부분이라고 했었지?"

"줄기요, 덩이줄기. 고구마도 덩이줄기예요?"

"고구마는 줄기가 아니라 뿌리야. 주성분은 감자와 같이 녹말이고. 그러면 요오드에 반응하겠지. 녹말의 성질에 대해 알아볼까? 쌀도 녹말이 주성분이지. 녹말은 식물의 저장 물질 중 하나인데 맛과 냄새가 없는 게 특징이야. 또한 물에 녹지 않기 때문에 식물 몸에 저장하고 있어도 농도에 영향을 미치지 않기 때문에 삼투 현상을 일으키지도 않아 가장 일반적인 저장 물질이지. 우리 몸에서는 효소에 의해 포도당으로 분해되어 에너지를 내는 일을 하기 때문에 매우 중요한 영양소란다."

"만약 녹말이 물에 녹으면 식물 세포의 농도가 녹말 때문에 높아지게 되고 그러면 세포의 반투성막을 통해 물이 세포 속으로 들어가는 삼투 현상이 일어나게 될 텐데. 녹말의 물에 녹지 않는 성질은 저장 물질로 적당한 중요한 조건이 되는 거네요. 그런데 맛이 없는 녹말이 주성분이라면서 왜 고구마는 단맛이 나요?"

"녹말은 아밀라아제라는 효소에 의해 단맛이 나는 엿당이라는 물질로 분해가 돼. 그래서 생고구마를 입에 넣고 씹으면 단맛이 나는 거지. 생쌀을 입에 넣을 땐 아무 맛이 없다가 꼭꼭 씹으면 단맛이 나는 것도 같은 현상이야."

"효소가 뭐예요?"

"효소는 사람을 비롯한 동물이나 식물의 몸 세포에서 만들어지는 물질인데 생물체의 몸 안에서 일어나는 여러 가지 반응이 쉽게 잘 일어나도록 도와주는 일을 해. 고구마 속에는 녹말을 분해하는 아밀라아제가 들어 있는데 고구마를 구우면 아밀라아제가 녹말을 분해시켜 맛이 나게 해 주는 거야. 물에 넣고 삶는 것보다 돌을 넣고 구우면 더 맛있는 이유는 돌에 의해 열이 전달되기 때문에 천천히 반응하게 되고 수분 증발도 적어 녹말을 분해하는 데 필요한 수분이 잘 보존되기 때문이지. 아밀라아제는 가수분해 효소라고 해서 일을 할 때 물이 있어야 하거든."

"으응, 그러면 더 이상해요. 그럼 물에 넣고 삶는 것이 더 맛이 좋아야 하잖아요."

"냄비 속의 물은 삼투 현상에 의해 고구마 속으로 들어가겠지. 물론 아밀라아제를 도와주기도 하지만 고구마 안에 물이 많아지게 되어 농도가 낮아지니 단맛이 떨어지게 되는 거지. 또한 녹말은 물에 녹지 않지만 엿당은 물에 녹아 냄비에 남아 있는 물 속으로 녹아나기도 하고. 고구마를 삶은 물에서 단맛이 느껴지는 것은 고구마에서 빠져나온 당 성분 때문이야. 그러니 군고구마가 삶은 고구마보다 맛있는 거지."

"우리 입의 침은 중요한 일을 하네요. 아밀라아제가 일할 때 도와주잖아요. 가수분해 효소가 일할 때는 물이 있어야 한다면서요."

"그것뿐만이 아니야. 효소는 산성도에도 영향을 받아. pH 생각나지? 입 속에서 작용하는 효소인 아밀라아제는 중성인 pH 7에서 가장 잘 활동하는데 침이 있기 때문에 가능한 거야. 침은 중성이거든."

"효소는 까다롭군요."

"우리가 음식을 삼킬 때 침도 함께 넘어가잖아. 음식물이 식도를 따라 위에 가게 되는데 위는 염산에 의해 pH가 아주 강한 산성 상태

거든. 그래서 위에서는 침과 함께 넘어온 아밀라아제가 작용을 못하
게 되는 거지."

"그럼 위에는 다른 효소가 있나요?"

"위에는 단백질을 분해시키는 펩신이라는 효소가 있어. 펩신은 산
성에서 작용하기 때문에 위는 염산이라는 물질을 분비해 펩신이 작
용하기에 알맞은 조건을 만들어 주는 거야."

"진짜 까탈스럽군요."

"아주 불만스러운 표정인데? 효소가 까다로워야 하는 이유가 있
어. 차차 알게 될 거야. 효소는 pH뿐만 아니라 온도에도 영향을 많
이 받아. 효소는 너무 낮은 온도에서는 작용하지 않는데 그것을 비
활성 상태라고 해. 또 너무 높은 온도에서는 변성되어 효소로서의
기능을 완전히 잃어버려."

"온도가 너무 낮아도 안 되고 너무 높아도 안 된다고요? 몇 도 정
도에서 일을 가장 잘해요?"

"우리 체온이 얼마지?"

"37℃"

"바로 그 온도 부근에서 작용이 아주 활발해."

"효소는 몸이 무엇으로 되어 있어요?"

"효소의 주성분은 단백질이야. 단백질은 열에 약하거든. 단백질이
많이 든 우유를 높은 온도로 끓이면 어떻게 되는지 알지? 쇠고기도
생고기일 때와 구웠을 때 많이 달라지잖아. 그렇게 된 상태를 단백
질의 변성이라고 하는 거야."

"발견한 게 있어요."

"뭘?"

"아밀라아제는 녹말을 분해한다고 하셨죠? 그리고 펩신은 단백질을 분해하고요. 한 가지 효소가 여러 가지 영양소를 분해하는 것이 아니라 한 가지 효소는 한 가지 영양소만 분해하는 거죠?"

"예리한데? 대단한 발견이야. 소화 효소는 종류에 따라 분해하는 영양소가 달라. 아밀라아제는 녹말을 엿당으로, 말타아제는 엿당을 더 작은 포도당으로 분해시키지."

"또 궁금한 게 있어요?"

"뭐가 그리 궁금하시나요, 공주마마?"

"그런데 왜 자꾸 작게 작게 분해시켜요?"

"그건 우리 몸의 세포가 아주 작고 세포는 세포막이라는 것으로 둘러싸여 있으니 그 막을 통과해 들어갈 수 있어야 하기 때문이지. 우리 몸에서 에너지를 낼 수 있는 장소는 세포 안인데 우리가 먹는 음식물 대부분이 세포보다 크기 때문에 세포 속으로 들어갈 수가 없잖아. 만약 세포가 밥알보다 크다면 굳이 입으로 먹을 필요가 없겠지? 피부 어디에라도 붙여 두면 세포 속으로 쑤욱 들어가지 않을까?"

"그럼 흥부는 뺨에 붙은 밥풀을 떼 먹을 필요도 없겠네요. 뺨에 붙은 밥풀이 세포 속으로 쑥 들어갈 테니까요. 너무 재미있겠다. 수업 시간에 과자 먹기도 좋겠어요. 과자에 손만 대고 있으면 과자가 손바닥 세포 속으로 쑥쑥 들어올 거잖아요."

"그럼 맛은 어떻게 느낄 수 있을까?"

"참, 그러네. 미뢰는 혀에만 있는데…. 과자를 먹어도 아무 맛도 느끼지 못한다면? 에이, 하나도 재미없겠어요."

"맛만 못 느끼는 게 아니야. 우리의 세포가 여러 층으로 되어 있는데다가 심장과 같은 내장 기관에 있는 세포에는?"

"못 들어가겠죠."

"자꾸만 작게 분해시키는 이유는 우리에게 필요한 영양소를 세포속으로 들어갈 수 있도록 해 주기 위해서야. 세포를 둘러싸고 있는막인 세포막을 통과해서 세포 속으로 들어가야 하거든. 즉 다시 말하면 음식물을 이루고 있는 영양소들을 가장 작은 상태로 만드는 과정을 소화라고 하지. 소화는 입, 식도, 위, 소장, 대장에서 일어나는데 이런 것을 소화 기관이라고 해."

"그럼 모든 영양소가 다 소화가 필요한 거예요?"

"사람에게 필요한 영양소는 탄수화물, 단백질, 지방, 비타민, 무기염류, 물인데 그 중 분자가 큰 고분자 물질은 탄수화물, 단백질, 지방이야. 이 세 가지는 작은 분자로 소화를 시켜야 하지만 나머지는그대로 세포에 흡수될 정도로 작기 때문에 소화가 필요 없어. 이번에는 엄마가 물어볼게. 우리의 소화는 세포 내 소화일까 세포 외 소화일까?"

"입 안, 배 안에서 소화가 되니까 세포 내 소화겠죠."

"몸 안과 세포 안과는 달라. 고구마를 입에 넣으면 몸 안에 넣은것이 되지만 입 속의 공간에 있는 것이지 입 천장의 세포나 혀의 세포 속으로 들어간 것은 아니잖아. 우리의 소화는 입, 위, 소장이라는소화관에서 소화가 다 된 후 소장의 뒷부분에서 융털돌기라는 곳으로 흡수되어 혈액을 따라 온몸의 세포로 운반이 돼. 그러니 우리의소화는 세포 밖, 소화관에서 소화가 된 후 세포로 가는 것이니 세포

예슬이의 소화 기관

입
식도
위
이자
작은창자
큰창자

간
쓸개

사람의 소화 기관과 그 작용

소화 기관	작용
입	씹고 침과 섞어 주고 삼킴. 아밀라아제 : 녹말 → 엿당
식도	연동 운동에 의해 음식물을 아래로 내려 이동시켜 줌.
위	위 근육이 수축 이완을 반복하면서 음식물을 으깨어 주고 소화 효소와 섞어 줌. 펩신 : 단백질 → 폴리펩티드 염산 : ① 위샘에서 비활성 상태로 분비되는 펩시노겐을 활성 상태인 펩신으로 바꿔 줌. ② 펩신의 적정 pH인 산성으로 위의 산성도를 유지. ③ 음식물과 함께 들어온 세균 등을 살균시킴.
작은창자	장액, 이자액, 쓸개즙에 의해 탄수화물, 단백질, 지방의 소화와 흡수가 일어남. 말타아제(장샘) : 엿당 → 포도당 + 포도당 락타아제(장샘) : 젖당 → 포도당 + 갈락토오스 수크라아제(장샘) : 설탕 → 포도당 + 과당 트립신(장샘, 이자) : 단백질 → 폴리펩티드 펩티다아제(장샘, 이자) : 폴리펩티드 → 아미노산 리파아제(이자) : 지방 → 지방산 + 글리세롤
간과 쓸개	간에서 만들어져 쓸개에 저장되어 있던 쓸개즙이 작은창자로 분비되어 지방을 유화시켜 가수분해 효소가 지방에 작용할 수 있도록 도와줌. 염기성으로 위에서 내려온 산성 음식물을 중화시킴.
이자	아밀라아제, 리파아제, 트립신, 펩티다아제를 만들어 작은창자로 보냄. 염기성인 중탄산나트륨을 작은창자로 분비 중화시킴.
큰창자	소화와 흡수가 작은창자에서 끝나지만 대장균에 의해 합성된 비타민과 수분을 흡수함. 식물 세포벽 성분인 섬유소의 소화 효소가 사람에게 없지만 대장균에 의해 분해됨.

외 소화겠지."

"소화관은 우리 몸 안에 있지만 세포의 입장에서 보면 세포 밖이
되는 거군요. 그런 것까지는 생각해 보지 않았어요."

오늘은 어떤 실험해요?

실험 1 침은 요술쟁이!

준비물 녹말풀, 얼음, 요오드, 유리컵, 큰 그릇, 침

방법
1. 컵 3개를 준비하여 하나는 얼음이 담긴 그릇에 넣어 둔다.
2. 침은 깨끗한 솜을 씹어 준비한다.
3. 녹말풀을 끓여 얼음이 담긴 컵과 다른 컵 하나에 한 숟가락 정도 넣는다.
4. 얼음이 담기지 않은 컵의 녹말이 따뜻할 정도로 식으면 냄비에 남은 녹말
   을 한 번 더 끓여 아주 뜨겁게 한 후 나머지 한 개의 컵에 옮기고 침을 가
   장 먼저 떨어뜨린다.
5. 나머지 2개의 컵에도 침을 섞는다.
6. 3개의 컵에 요오드를 한두 방울 떨어뜨려 색깔 변화를 관찰한다.
7. 녹말풀에 식초를 몇 방울 떨어뜨린 후 침을 넣고 비교 실험을 해 본다.

침 속의 소화 효소 아밀라아제는 녹말을 엿당으로 분해하는 가수분해 효소이다. 녹말풀의 온도를 다르게 하여 아밀라아제가 작용할 수 있는 조건을 알아보는 실험인데 결과에 나온 것처럼 따뜻한 녹말풀에 침을 넣고 요오드 반응을 시켰을 때에는 색의 변화가 없었다. 아밀라아제가 녹말을 분해시켰기 때문에 요오드가 색 반응을 하지 못한 것이다. 뜨거운 녹말풀과 얼음 때문에 아주 온도가 낮은 2개의 컵은 침을 섞자 요오드 반응에 진한 보라색으로 색 반응이 나타났다. 소화 효소는 온도가 너무 높아도 또 너무 낮아도 작용을 하지 못하기 때문이다. 식초를 몇 방울 떨어뜨린 후 실험을 하면 3개의 컵 모두에서 요오드 반응에 의해 진한 보라색으로 변한다. 식초에 의해 산성이 된 환경에서는 중성에서만 일하는 아밀라아제가 소화 효소로 작용을 하지 못해 녹말이 그대로 남아 있기 때문이다. 이로써 소화 효소는 온도와 pH에 영향을 받는다는 것을 알 수 있다.

14 동태전
마찰력

마찰력 없으면 동태전도 못 만들어!

목욕 하랬더니 비누 하나를 다 써 버려? 비누를 잡으려니 쏙쏙 빠져 도망가는 게 재미있어 그랬다고? 비누가 발도 없는데 왜 자꾸 도망을 가느냐고? 마찰력이 적어서 그런 거야. 마찰력은 커야 좋을까? 작아야 좋을까? 마찰력이 없다면 우리는 서 있을 수도 물건을 손에 쥘 수도 없을 거야. 만약 모든 물건들이 한 번 움직이기 시작해 영원히 멈추지 않는다면 어떻게 될까? 마찰력은 물체의 질량과 접촉하는 면의 성질에 따라 다르지만 접촉하는 면적에는 상관이 없다는데 이상하지 않니? 운동화를 신었을 때와 스케이트를 신었을 때의 마찰력이 다른 것은 접촉 면적 때문이 아닐까? 궁금한 것은 알아봐야겠지?

• •

"달걀물 좀 풀어 줘."

"뭐 하실 건데요?"

"동태전 부치려고."

"저도 할래요."

"알았어. 이런, 밀가루가 다 떨어졌네. 슈퍼에 다녀와야겠다. 어머니 갔다 오는 동안 전 부칠 준비 좀 해 줘.”

“알았어요.”

(밀가루를 사 왔더니)

“너 뭐 하고 있니? 아니 이게 전부 뭐야?”

“이상해요. 달걀 푼 물에 담갔다 부쳤는데 이상해요.”

“이런 이런. 그러니 준비만 해 두고 기다리라고 했거늘….”

“어디까지 준비해 두란 말씀은 안 하셨잖아요. 달걀물 씌우는 것까지 해 두려고 했는데 달걀이 미끌미끌해서 묻지를 않아요. 그래서 달걀 푼 것에 풍덩 담갔다가 얼른 꺼내 프라이팬에 옮겨 구웠는데 이렇게 되어 버렸어요.”

“마찰력을 알았더라면 이런 실수는 하지 않았을 텐데 말이야. 과학을 알아야 요리가 된다! 어머니가 늘 외치는 말이잖아.”

“마찰력과 동태전이 무슨 상관이에요?”

“어머니가 뭘 사러 갔었지?”

“밀가루요.”

“포를 뜬 생선살을 달걀물에 담갔을 때 미끌거리며 흘러내리는 것은 두 물질 사이에 마찰력이 작기 때문이야. 생선살에 밀가루를 묻힌 다음 달걀에 담그면 마찰력이 커져 달걀물이 줄줄 흘러내리지 않게 되는 거지.”

“너무 부지런해도 사고를 치는군요.”

“마찰력을 무시해서 그런 거야. 마찰력은 접촉에 의해 물체의 운동을 방해하는 힘이야. 밀가루가 달걀의 운동을 방해해서 잘 붙어 있도록 해 주는 거지. 마찰력이 물체의 운동을 방해하는 힘이라고

거친 면과 매끄러운 면에서의 마찰력

했는데 그럼 마찰력의 방향은 어떻게 될까?"

"달걀이 미끄러지려는 걸 방해하는 것이라면서요? 당연히 달걀이 미끄러지려는 방향과 반대 방향이지요."

"마찰력이 물체의 운동을 방해하는 힘이라면 접촉하는 면의 성질에 영향을 받겠지? 접촉면이 매끄러울 때와 거칠 때, 어느 쪽이 마찰력이 클까?"

"거칠거칠할수록 커요."

"밀가루를 묻히면 동태살만 있을 때보다 표면이 거치니까 마찰력이 커져 달걀이 덜 미끄러지는 거야."

"기름이 묻은 손으로 그릇을 잡거나 문의 손잡이를 돌리려고 하면 미끄러워 잘 안 되는 건 마찰력이 작아서 그런 거죠?"

"마찰력이 없다면 우리는 어떤 물건도 잡을 수 없을 거야. 이렇게 젓가락을 들고 있지도 못해. 쑥 빠져 버리고 말겠지."

"마찰력이 없으면 서 있지도 못하겠네요?"

"당연하지. 얼음이 얼었을 때 제대로 걷지 못했던 건 마찰력이 작아져서 그런 거지. 모래를 뿌리는 건 마찰력을 크게 하기 위해서고."

"마찰력이 없으면 의자에 앉지도 못하겠어요. 앉으려고 하면 스르

르 미끄러져 버릴 거잖아요."

"가죽으로 된 식탁 의자와 천으로 된 소파에 앉았을 때 엉덩이와의 마찰력이 다르다는 건 말할 필요도 없지. 안감이 있는 바지라도 허리 부분에는 안감이 없는 이유는 뭘까? 옷에 안감이 있으면 따뜻하고 마찰력이 작아 입고 벗을 때도 편하지. 하지만 바지가 흘러내리지 않으려면…."

"아, 알았다. 허리 부분에는 마찰력이 커야 하니까 매끄러운 안감이 있으면 안 되는군요. 벨트를 하는 것도 마찰력과 관계 있나요?"

"바지는 중력에 의해 아래로 흘러내리려고 하니까 허리 부분에 그보다 더 큰 힘을 주어 바지의 운동을 막으려는 거지. 멜빵을 하는 것도."

"바지의 운동이라니까 너무 웃겨요."

"짧은 짚을 비벼 꼬아 긴 새끼줄을 만들 수 있는 것도 마찰력을 이용한 것이야. 우리가 사용하는 실도 같은 원리로 길게 만든 거고."

"마찰력은 고체에서만 생기는 거예요?"

"수영할 때를 생각해 봐. 인라인 스케이트 탈 때도."

"액체인 물과 기체인 공기에서도 마찰력은 작용하네요."

"하지만 둘은 물체의 속도에 따라 아주 다르게 느껴지지. 물에서는 걷는 것조차 힘들지만 공기 속을 걸을 때는 거의 느끼지 못하잖아. 수영복이 아주 매끄러운 소재로 되어 있는 것도 마찰력을 줄이기 위해서야. 물 미끄럼틀 탈 때 만약 물이 없다면 수영복에 금방 구멍이 날 거야. 이때는 물이 마찰력을 줄여 주는 역할을 하지. 요리책은 뭐 하러 꺼내?"

"동태살로 다른 요리를 할 게 있나 싶어서요. 새로운 요리를 찾아보는 거 재밌거든요. 아, 책을 넘길 때 손가락에 침 묻히는 것도 마찰력 때문이군요. 그런 것은 전혀 생각 안 하고 손가락에 침 잘 묻히는데."

"손가락 끝에 지문이 있는 것도 물건을 잡을 수 있는 비밀 중 하나야. 책을 거기 두면 어떻게 해. 물기 없는 곳에 둬야지. 이럴 줄 알았다니까. 책에 물을 뚝뚝 떨어뜨리고."

"알았다! 알았어!"

"뭘 알았기에 이리 호들갑이야?"

"책에 물이 떨어지는 걸 보면서 생각한 건데요, 물이 떨어지는 것은 자유 낙하잖아요. 떨어질수록 속력이 빨라진다고 했죠? 하늘에서 떨어지는 빗방울도 자유 낙하 운동을 할 거잖아요. 아래로 내려올수록 속력이 엄청나게 빨라질 테니 빗방울이 땅에 닿을 때쯤에는 어마어마한 속력일 텐데 우리가 비를 맞아도 괜찮잖아요. 여름에 소나기 많이 내릴 때는 좀 아프기도 하지만. 바로 공기의 마찰력 때문에 빗방울의 운동이 방해를 받아서 속력이 빠르지 않게 돼 몸에 맞아도 괜찮은 거죠? 낙하산이나 패러 글라이딩도 같은 원리죠."

"너의 생각주머니는 도대체 얼마나 큰지 상상이 안 가는구나. 정말 대단해. 어머니가 좋아하는 첼로의 아름다운 선율도 마찰력 덕분이라는 걸 알겠지? 오늘 하루 종일 마찰력에 감탄하고 고마워해도 모자랄 것 같구나. 많은 사람들의 관심의 대상이 되고 있는 자기부상 열차도 마찰력을 이용한 거야. 열차와 선로 간 마찰을 줄이기 위해 자력을 이용해 선로에서 약간 뜬 상태로 운행하는데 당연히 바퀴도 필요 없지. 한 번 움직이기 시작하면 선로에 대한 마찰력이 거의 없기 때문에 적은 에너지로 빠른 속력을 낼 수 있는 거지. 시속 560 킬로미터라니 엄청나잖아.”

“너무 신기해요. 제가 주걱을 잡고 있는 것도 주걱에 동태전이 붙는 것도 뒤집어 놓으면 가만히 있는 것도 전부 마찰력이 있기 때문이라는 거잖아요. 마찰력이 없으면 먹지도 못하겠군요. 젓가락을 잡을 수도 없고 젓가락으로 전을 집어 입으로 가져 갈 수도 없으니까요.”

면적은 상관없어, 질량은 상관있지만!

“너무 감탄하는 것 같다. 접촉면이 거칠면 마찰력이 커진다고 했는데 또 어떨 때 마찰력이 커질까?”

“닿아 있는 부분이 넓으면 커요.”

“보통 그렇게 생각하기 쉽지만 그렇지 않아. 마찰력과 접촉면의 넓이와는 관계가 없어. 대신 수직으로 누르는 힘이 커지면 마찰력도

접촉면이 넓을 때와 좁을 때의 마찰력

커지지."

"이상한데? 이렇게 많은 부분이 닿을 때하고 조금만 닿았을 때가 같단 말이에요?"

"같은 질량을 가진 물체라면 접촉 면적과는 상관없이 마찰력은 같아. 광고에 나오는 광폭 타이어로 설명해 볼게. 자동차가 정지하게 되는 것은 브레이크를 밟았을 때 타이어 바닥과 도로와의 마찰력 때문인데 가끔 도로에 보면 자동차 바퀴 자국이 검게 나 있는 거 보이지? 자동차가 정지할 때 마찰로 인한 열 때문에 타이어 표면의 고무가 녹아서 그런 흔적이 남는 거야."

"타이어 녹은 것이 도로에 묻어 있는 거군요. 그 정도로 열이 많이 생겨요? 타이어가 녹을 정도로. 대단해요."

"그럴 때는 마찰력이 작아질 수밖에 없지. 광폭 타이어는 타이어의 폭이 넓기 때문에 도로와의 접촉면이 넓어져서 마찰력이 커지는 것이 아니라 마찰에 의해 발생하는 열에 의해 타이어의 녹는 정도가 적어지고 따라서 마찰력의 감소 정도도 적어져 잘 미끄러지지 않으니 제동 거리가 짧아진다는 거야."

"어려워요."

"좁은 타이어와 넓은 타이어의 마찰력이 같다면 마찰에 의해 생기는 열도 같겠지? 같은 열로 좁은 타이어를 잘 녹일까 넓은 타이어를 잘 녹일까?"

"같은 열이라면 좁은 타이어의 녹는 정도가 심하겠죠. 같은 열로 넓은 부분을 녹이려면 잘 녹지 않을 거니까요."

"바로 그거지. 타이어가 열에 의해 녹는 정도가 적으니 마찰력이 조금밖에 감소되지 않아 결국 좁은 타이어에 비해 마찰력이 크다는 거지."

"스노우 타이어와는 어떻게 달라요?"

"일반 타이어보다 눈이 내린 도로나 빙판 길에서 덜 미끄러지도록 만들어진 타이어인데 일반 타이어에는 없는 가느다란 물결 모양의 홈을 만들어 두었어. 이 홈이 마찰력을 크게 해 주는 거야. 일반 타이어에 체인을 감고 가는 것과 같은 효과라 보면 돼. 자동차가 도로 위를 달릴 수 있는 이유가 바로 마찰력 때문이라는 거 아니?"

"마찰력은 방해하는 힘인데 마찰력 때문에 자동차가 달릴 수 있다고요? 마찰력이 작아야 잘 달릴 수 있잖아요."

"네가 얼음 위에서 잘 걷지 못하는 이유를 생각해 봐. 그리고 자전거의 타이어가 닳으면 새것으로 바꿔 주는 이유가 뭘까? 우리가 걸을 수 있는 것도 신발과 도로 사이에 마찰력이 있어서야. 도로가 신발(나)에게 주는 마찰력보다 큰 힘으로 신발이 도로를 밀어내기 때문에 걸을 수 있는 거거든. 신발과 도로가 서로 맞물려 가는 톱니 같다고 생각하면 쉬워."

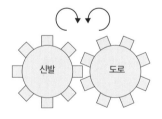

"만약 신발과 도로 사이에 마찰력이 없다면 우리가 걸을 수 없는 것은 당연하고 서 있을 수도 없을 거야. 얼음에서 걷기 힘든 것은 바

로 마찰력이 너무 작기 때문이지. 자동차도 마찬가지겠지? 바퀴와 도로 사이에 마찰력이 있어야 바퀴가 헛돌지 않고 회전하면서 도로를 밀어내게 되고 자동차가 달릴 수 있는 거야. 그런데 둘의 힘이 같다면 어떨까? 영원히 정지 상태로 있겠지. 물체에 힘을 가했는데도 정지한 상태를 유지하는 것은 힘을 가한 것과 같은 크기의 힘이 반대 방향에서 물체에 작용하고 있기 때문이지. 이 힘을 정지 마찰력이라고 해. 자동차가 정지해 있는 것은 도로가 바퀴에 마찰력을 가하고 있기 때문이지. 그럼, 정지해 있던 자동차가 움직이기 위해서는 어떻게 해야 할까?”

“그 힘보다 더 큰 힘이 있어야 되요.”

“그때의 힘이 가장 크다는 거지.”

“달릴 때도 힘이 들잖아요.”

“무거운 상자를 밀어서 옮겨야 한다고 생각해 보자. 언제 힘이 가장 많이 들까?”

“민다고 해서 상자의 무게가 달라지지 않으니 똑같은 거 아니에요?”

“상자를 처음 움직이게 할 때 가장 큰 힘이 필요해. 일단 상자가 움직이기 시작하면 처음 움직이게 했던 순간보다는 훨씬 힘이 덜 든다는 걸 경험해 본 사람은 알 거야. 출발하는 순간 가장 큰 힘이 주어져야 하기 때문에 이때를 최대 정지 마찰이라고 해.”

“마찰력은 그래도 알쏭달쏭해요.”

실험 1   실로 얼음을 자른다?

준비물   얼음, 실, 무게가 다른 병 2개, 숟가락 2개

방법   ❶ 무게가 다른 병(예: 간장 병과 물엿 병) 2개에 실을 묶는다.

  ❷ 숟가락에 얼음을 얹고 병에 묶은 실이 얼음 가운데를 지나도록 얹는다.

  ❸ 숟가락 자루가 싱크대 가장자리에 걸쳐지도록 해 병의 무게에 의해 실이

   얼음을 누르도록 한다.

  ❹ 시간이 지나면서 얼음의 변화와 실의 위치를 관찰한다.

  ※ 주의 : 너무 가벼운 병으로 하지 않도록 하고 시간이 걸리는 실험이므로 처음에는 아

   이와 함께 숟가락을 잡고 있다가 무거운 책을 올려 두고 관찰하도록 한다. 처음부터

   책으로 고정을 시키는 것이 더 쉽겠지만 아이가 숟가락 자루를 붙들고 있어 보도록

   하여 병이 당기는 힘과 자신이 숟가락을 누르는 힘을 경험하게 하는 것이 좋다.

접촉하는 면이 작을수록 큰 압력을 받게 되고 압력이 높아지면 얼음의 녹는 점이 높아져 압력을 받는 부분이 다른 부분보다 빨리 녹아 실이 얼음을 통과하게 된다. 실이 지나간 부분은 압력이 없어졌으므로 다시 얼게 되는데 실이 중간쯤 갔을 때는 마치 실이 얼음 사이를 지나고 있는 것처럼 된다. 무게가 다른 2개의 병을 비교 실험해 보면 무게가 무거운 것이 얼음을 빨리 통과한다. 이것으로 무거운 것이 얼음에 주는 압력이 크고 압력이 클수록 얼음을 빨리 녹인다는 것을 알게 된다.

어떤 사람이 뾰족구두를 신었을 때와 운동화를 신었을 때 몸무게는 같지만 신발이 땅에 닿는 면적이 다르기 때문에 압력에 차이가 난다. 압력이 높아지면 얼음의 어는점이 낮아진다. 스케이트를 탈 때 스케이트의 날이 얼음에 닿는 면적이 아주 좁아 매우 큰 압력으로 얼음을 누르게 되고 그 부분은 주변의 다른 얼음보다 어는점이 낮아져 얼지 못한 상태, 즉 녹아 물로 변하게 된다. 그 물이 마치 창문이 잘 열리도록 칠하는 기름의 역할을 해 주어 스케이트를 탈 수 있게 되는 것이다.

접촉면에 따른 압력의 차이

여기서 의문점이 생길 것이다. 마찰력은 접촉하는 면적과 관계없다고 했는데 스케이트 날이 얼음에 닿는 면적이 좁아 마찰력이 작아진다는 것은 무슨 이야기인가?

기억해야 할 것은 마찰력은 같은 접촉면일 때 접촉 면적과 관계가 없다는 것이다. 스케이트 날에 의해 높아진 압력으로 스케이트 날이 지나가는 부분은 얼음이 녹았기 때문에 녹지 않은 부분과는 접촉면의 성질이 달라졌다는 것을 생각해야 한다. 스케이트를 타고 움직일 수 있는 것은 접촉 면적이 좁아 마찰력이 작아졌기 때문이 아니라 접촉 면적을 작게 하고 압력을 높여 얼음을 녹임으로써 접촉면의 성질이 바뀌었기 때문이다.

게임 1 마찰력이 크면 좋아? 작으면 좋아?

작으면 좋아!

- 인라인 스케이트 탈 때
- 창문 열 때
- 달리기 할 때
- 무거운 물건을 밀 때
- 눈썰매 탈 때

크면 좋아!

- 자동차가 멈출 때
- 벽에 못을 박을 때
- 등산화를 신고 암벽 등반을 할 때
- 물건을 잡을 때

전열기, 전압, 전류, 저항

전선 위의 참새는
왜 감전이 안 되지?

전기가 없는 생활, 상상해 본 적 있니? 전등도 없고, 텔레비전과 컴퓨터도 없고, 냉장고도 다리미도 선풍기도 없다면 우리의 생활은 지금과 정말 많이 다를 거야. 이 모든 것이 전기의 힘이라는 것을 안다면 우리가 사용하는 전기에 대해 조금은 알아야겠지? 전류가 흐른다는 것, 전압이 높다는 것 정도는 말이야. 소비 전력이 무엇인지 알면 전력 사용량을 줄여야겠다는 생각도 하게 될 거야. 전기 에너지는 우리에게 너무 편리한 것이지만 정말 조심해서 그리고 아껴 써야 하는 거야. 머리가 터질 것 같은 '옴의 법칙'도 우리 집에 있는 전등으로 생각하면 아주 쉬워.

. . . .

"토마토 주스 만들어 드릴게요. 제가 어머니의 취향을 잘 알고 있거든요. 기운이 없을 때 토마토 주스 마시고 싶어 하신다는 것쯤은 잘 알고 있다고요."

"너무 고맙구나. 얼음도 넣어서 시원한 주스 부탁해."

"넵! 곧 대령합죠. 토마토만 깨끗하게 씻으면 준비 끝인걸요 뭐."

"조심해. 물 묻은 손으로 전기 제품 만지는 것은 위험해."

"왜 그래요?"

"우리 몸은 건조한 상태일 때와 물기가 있을 때 저항이 많이 달라. 물기가 있으면 저항이 적어지기 때문에 전류의 세기가 커져서 위험한 거지."

"뭐가 그렇게 어려워요? 저항은 뭐고 전류는 뭐예요?"

"전류는 (-)전기를 띤 전자들이 이동하는 것을 말해. 원자의 구조에서 이야기했듯이 (+)전기를 띠는 양성자는 원자핵 안에 머물러 있지만 전자는 자유롭게 이동할 수 있어. 이들 전자들이 하나의 방향성을 가지고 이동하는 것을 전류가 흐른다고 이야기해."

"전류는 모든 물체에 다 흐르나요?"

"플라스틱이나 고무 같은 물체는 전자가 원자나 분자 안에 갇혀 있어서 거의 이동할 수 없기 때문에 전류가 잘 흐르지 못해. 그런 것을 부도체, 또는 절연체라고 하지. 반면 금속, 즉 구리나 알루미늄 같은 것들은 전자들이 원자 사이를 자유롭게 돌아다니기 때문에 전류가 잘 흐르는데 이런 것을 도체라고 불러."

"아하, 그래서 전깃줄은 플라스틱 같은 것으로 싸 놓았군요. 전류가 흐르지 못하게."

"전류가 흐르기 위해서는 전압이라는 것이 있어야 하는데 전류가 흐르도록 해 주는 힘이라고 생각하면 돼. 전선에 흐르는 전류의 양은 전원이 공급하는 전압에 따라 달라지는데 당연히 전압이 크면 전류가 잘 흐르게 되는 거지."

"이상하잖아요. 전선에 흐르는 전류가 내 손에 물이 묻어 있다고 더 커지거나 하는 것도 아닌데 왜 위험하다는 거예요? 물이 묻어 있으면 전압이 커지나요?"

"그건 옴의 법칙을 알면 이해할 수 있을 거야."

"옴의 법칙이 뭐예요?"

"전류가 흐르기 위해서는 전압이 있어야 한다고 했지? 반대로 전류의 흐름을 방해하는 저항이라는 것이 있어. 쉽게 생각하면 돼. 전류는 전자의 흐름이라고 했지? 그럼 큰 힘으로 밀어 주면 어떨까?"

"잘 흐르겠지요."

"반대로 저항은 전자의 흐름을 방해하거든. 저항이 크면 어떨까?"

"전류는 잘 흐르지 못할 거예요."

"그럼 너무나 간단한 결론이 나오잖아. 전류의 세기는 전압에 비례하고…."

"알겠어요. 저항에는 반비례한다는 거죠? 저항이 크면 전류는 잘 흐르지 못하니까요."

"그러니까 어떤 회로에 흐르는 전류는 전압과 저항에 영향을 받는

옴의 법칙

$$전류 = \frac{전압}{저항}$$

가늘고 긴 도선의 저항

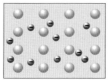

굵고 짧은 도선의 저항

데 우리 몸의 저항이 늘 똑같지 않다는 게 문제거든. 보통 건조할 때는 저항이 50만 옴(Ω) 정도 되지만 물기가 있을 때는 엄청나게 작아져 버리거든. 물이 묻어 있을 때는 몇 백 옴 정도밖에 안 된다고 하니, 생각해 봐. 어떤 차이가 있는지?"

"우리 몸의 저항이 작아지니 당연히 많은 전류가 흐르게 되어 감전 사고가 나게 되는 거군요."

"그러니 목욕하거나 빨래할 때, 설거지할 때 전기 제품 만지는 것은 정말 위험하겠지? 조심해야 하는 거야. 사실 순수한 물은 전류가 잘 흐르지 못하지만 보통 우리가 사용하는 수돗물에는 여러 가지 성분들이 녹아 있기 때문에 저항이 작아져 위험해."

"새는 전깃줄에 앉아 있어도 괜찮잖아요. 새 발에 물이 안 묻어서 괜찮은 거예요?"

"그건 전압 때문이지. 전류가 흐르기 위해서는 전압이 있어야 한다고 했었잖아. 전류는 전기 에너지가 높은 쪽에서 낮은 쪽으로 흐르거든. 바로 그 양쪽 에너지의 차이로 인해 전류가 흐르게 되는 건데 만약 두 곳의 에너지가 똑같다면?"

"꼼짝 안 하겠지요. 높은 곳도 낮은 곳도 없으니 어느 쪽으로 흘러야 할지 모르니 가만있을 테니까요."

"바로 그거야. 높고 낮은 전류의 차이가 전압인데 전압의 차이가 없는 곳에서는 전류가 흐르지 않아. 전깃줄의 참새는 두 발을 하나의 전선에 나란히 얹고 있거든. 만약 새의 한 발이 다른 전선에 닿거나 땅에 닿는다면 상황은 달라질 거야."

"그럼 먼저 손을 깨끗이 닦아 물기를 없애고 믹서기의 코드를 콘

전깃줄 위의 아이들과 참새

센트에 꽂겠습니다. 그리고 스위치를 켜서 돌리면 토마토 주스 완성."

"얼음은?"

"아참참참. 건망증."

"믹서기에 붙은 표시를 읽어 보렴. 이해할 수 있겠니?"

"전압 220V, 소비 전력 195W라고 되어 있어요. 220V 전압에 사용하라는 것인데 보통 집에 들어오는 전압은 220V니까 문제없고, 그런데 전력이 뭐예요?"

"전기 회로에 전류가 흐를 때 전원이 회로에 공급하는 에너지를 전력이라고 해. 보통 1초 동안 공급하는 에너지를 말하지. 가전 제품에는 이렇게 전압과 전력이 표시되어 있어. 전기요금이 적게 나오게 하기 위해서는 전력이 적은 것을 써야겠지. 가전 제품을 살 때는 디

믹서기

자인만 비교할 것이 아니라 소비 전력을 꼼꼼히 따져 보아야 하는 것은 기본이야."

$$전력(W) = \frac{전기 에너지(J)}{시간(초)}$$

$$= 전류(A) \times 전압(V)$$

"넵! 소비 전력이 적은 것이 절약의 기본임을 잘 알겠습니다."

"그럼 한 가지 물어볼게. 전지의 직렬 연결과 병렬 연결은 알지?"

"네. 직렬은 전지의 다른 극을 이어주는 거고 병렬은 같은 극끼리 연결하는 거잖아요."

전지의 직렬 연결과 병렬 연결

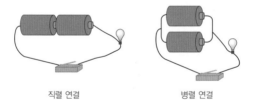

직렬 연결   병렬 연결

"어떤 차이가 있다고 알고 있지?"

"전지 두 개를 직렬로 연결하면 전지가 한 개일 때보다 많은 전류가 흐르게 되니 전구의 밝기는 밝아지지만 불을 켤 수 있는 시간(전지의 수명)은 전지가 한 개일 때와 같아요. 하지만 병렬일 때는 전구의 밝기는 한 개일 때와 같지만 그 시간이 두 배로 길어져요."

"잘 알고 있네. 그럼 우리 집에 전기 배선은 직렬일까 병렬일까?"

직렬로 연결된 가전 제품

누전차단기

"직렬? 콘센트가 두 개씩 따로 있으니 병렬인가?"

"전기 포트, 텔레비전, 냉장고, 형광등이 직렬로 연결되었다고 하자. 가장 큰 문제는 냉장고를 늘 틀어 두기 위해서는 전기 포트와 텔레비전도 늘 켜져 있어야 한다는 것이다."

"형광등도 켜져 있어야 하잖아요. 직렬로 연결했을 때는 전체가 하나의 회로이니 중간에 어느 한 부분이 끊어지면 전류가 흐르지 못하니까요. 어느 것 하나라도 고장이 나면 고칠 때까지 다른 것들도 사용을 못하게 되고요."

"잘 이해하고 있구나. 이처럼 직렬로 연결할 때는 일단 하나의 전기 제품을 사용하기 위해서는 모든 것의 스위치가 켜져 있어야 하니 너무 불편하고 전기의 소비도 엄청날 거야.

간단하게 형광등 두 개가 직렬로 연결되었다고 하자. 그러면 저항이 네 배가 된 것이니 전류는 1/2로 줄게 되는 거지. 기억하지, 옴의 법칙?"

"전류는 저항에 반비례한다."

"전류는 저항에는 반비례하지만 전압에 비례한다고 했으니 전류가 1/2이니 전압도 각각의 형광등에 1/2V가 되겠지. 그럼 형광등의 밝기는 어떻게 될까? 형광등의 밝기는 전력량에 비례하는데 전력량이 전류×전압이니 형광등의 밝기는 1/4로 어두워져 버리는 결과가 되는 거지."

"형광등을 직렬로 연결하니까 저항은 커지고 밝기는 어두워져 버리네요. 가만, 우리 집에 형광등이 도대체 몇 개예요? 다섯 개도 넘는데 이것들이 직렬로 연결되어 있으면?"

"이제 알겠지? 그래서 보통 집의 전기 배선은 병렬로 연결되어 있어. 병렬로 연결되면 전류가 각기 다른 길로 흐르기 때문에 필요한 것의 스위치만 올려 사용하면 되고 하나가 고장나더라도 다른 것에 영향을 미치지 않으니 편리하고 전기도 절약할 수 있지. 하지만 누전차단기는 전류가 너무 많아지면 자동으로 내려가야 하니 직렬로 연결이 되어 있어야 해. 만약 누전차단기도 병렬로 연결되어 있다면 여러 갈래의 다른 길로 흐르는 전류를 막을 수 없을 테니까. 누전차단기가 내려가면 집안에 흐르는 전류를 한꺼번에 막을 수 있어 안전하거든."

병렬로 연결된 가전 제품

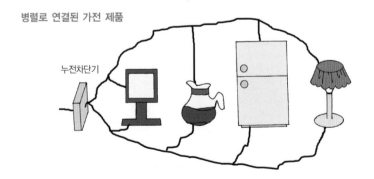

누전차단기

"병렬로 연결이 되어 있으면 전류가 여러 개로 나누어져 흐르게 되니까 저항이 줄어들겠네요?"

"그렇지. 병렬로 연결이 되면 각각에 걸리는 전압은 같다고 했으니 저항이 줄어들면 전류가 증가하지만 병렬이니 나누어져 흐르게 되어 전류의 세기는 변하지 않아. 형광등이 두 개 직렬로 연결되어 있을 때의 밝기도 금방 알 수 있겠지?"

 이건알자

전구 한 개, 두 개 직렬 연결, 세 개 병렬 연결의 비교

단위 : 전류 – A(암페어), 전압 – V(볼트), 저항 – Ω(옴)

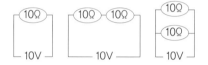

1) 1개일 때

$$전류 = \frac{전압}{저항} = \frac{10}{10} = 1A, \text{ 전구의 전압} = 10V, \text{ 전력량} = 10W$$

2) 2개 직렬 연결

$$전류 = \frac{전압}{저항} = \frac{10}{20} = \frac{1}{2}A, \text{ 1개 전구의 전압} = 5V, \text{ 전력량} = 2.5W$$

3) 2개 병렬 연결

$$전류 = \frac{전압}{저항} = \frac{10}{5} = 2A, \text{ 1개 전구의 전압} = 10V, \text{ 전력량} = 10W$$

"병렬이라 전압이 그대로고 전류도 그대로이니 형광등의 밝기는 몇 개를 연결해도 1개일 때와 밝기는 똑같아요. 그러면 크리스마스트리를 장식하는 예쁜 색깔의 전구들은 병렬로 연결되어 있겠군요. 직렬로 연결되어 있다면 꼬마 전구 하나가 고장 나면 전체를 쓸 수 없을 테니까요."

"하나를 가르치면 열을 아는 공주님이군."

"그런데 갑자기 궁금한 게 생겼어요? 병렬로 연결이 되어 있다면서 왜 한꺼번에 많은 전자 제품을 같이 쓰면 위험하다는 거예요?"

"그건 도선의 허용 전류와 관계가 있어. 이것은 말 그대로 도선에 흐를 수 있도록 허락된 전류인데 그것보다 큰 전류가 흐르면 도선에 열이 발생하여 도선이 타게 되거나 더 크게는 화재가 날 위험이 있기 때문이지. 그러니 콘센트 하나에 연결 코드를 여러 개 꽂아 너무 많은 전자 제품을 한꺼번에 사용하지 않도록 조심해야 해. 전기는 아주 편리하지만 그에 못지않게 위험하거든."

16 라면

발화점, 동결 건조, 줄기 세포

얼려, 얼려!
얼리는 게 최고야

종이컵으로 물을 끓일 수 있다는 말 들어 본 적 있니? 종이가 타 버리지 않겠느냐고? 종이만 있다면 그렇겠지만 종이컵 안에 물이 들어 있으면 가능하다니 신기하지 않니? 종이 냄비로 끓인 라면은 맛도 특별할 것 같지. 그런데 라면의 야채는 어떻게 해서 오랜 시간 동안 상하지 않고 보관이 가능한 것일까? 얼려서 만들었다면 놀라겠지? 우리집 냉장고도 오래 보관하려는 것들이 들어 있잖니. 아주 낮은 온도에 얼리는 냉동 보존은 여러 곳에서 쓰이고 있어. 정자 은행에서 정자를 보관하는 것도 요즘 관심의 대상이 되고 있는 탯줄 혈액의 보관도 모두 냉동 보존을 이용한 것이야. 탯줄 혈액과 함께 줄기 세포를 이야기하지 않을 수 없겠지?

● ●

"라면 끓여 먹어요."

"싫어. 엄마는 국수 싫어하잖아."

"어머니가 싫어한다고 우리도 못 먹게 하시면 어떡해요? 저는 라면이 좋단 말이에요."

"그래? 그럼 오늘 아주 특별하게 라면을 끓여 볼까? 아주 특별하

205

종이 냄비에 물 끓이기

게 말이야."

"뭐 하시는 거예요?"

"여기다 라면을 끓이려고."

"네에~? 이 종이 박스에 라면을 끓인다고요? 말도 안 돼요. 종이가 탈 텐데요?"

"과연 그럴까? 한번 보렴."

"정말 종이가 안 타네요. 물이 들어 있는 종이가 타지 않는 이유는 뭐예요? 종이는 잘 타잖아요."

"종이만 있으면 쉽게 타겠지만 종이 박스에 물이 들어 있는 한 종이는 타지 않아. 종이를 태우려면 종이가 탈 수 있는 온도, 종이의 발화점까지 높여 주어야 하는데 400℃가 넘어야 해. 종이 박스에 물이 들어 있으니 종이의 열은 물로 이동하게 되지."

"전도에 의해서 열이 이동하는 거죠?"

"물의 끓는점이 100℃이기 때문에 종이의 온도는 100℃까지밖에 오르지 않아 타지 않는 거지. 어떤 물질이 타기 위해서는 산소 외에도 발화점 이상으로 높은 온도가 필요하거든."

"진짜 여기다 라면 끓이실 거예요?"

"응."

"전 라면 안 먹을래요."

"왜? 라면 먹고 싶다고 졸라 놓고선."

"이게 뭐 특별한 라면이에요? 종이 박스는 먼지도 많이 묻었을 텐데 씻지도 않았잖아요."

"그러니까 특별한 거지."

"말도 안 돼요. 하긴 말 안 되는 일을 더 많이 하는 어머니니까 사실 이건 뭐 특별한 거라고 할 수도 없어요."

"그래? 그럼 라면은 냄비에 끓이자. 가스 불 꺼. 젖어 있으니 들어낼 때 아주 조심해야 하거든. 저쪽으로 비켜 있어."

"왜 들어내는 거예요? 거기다 라면 끓이실 거라더니?"

"특별한 라면을 끓일 거라고 했었잖아."

"그런데요?"

"종이 박스에 끓이는 건 특별한 것도 아니라면서? 그러니까 굳이 여기다 끓일 필요 없는 거잖아."

"무슨 궤변이신지…. 변덕도 심하십니다."

"사실 처음부터 종이 박스에 라면을 끓일 생각은 없었어. 그냥 물이 끓어도 종이가 타지 않는다는 걸 보여 주려고 했던 거야. 라면은 너무 간단하니 심심하잖니?"

"어휴~, 다행이다. 꼭 거기에 끓이신다고 고집하시면 어쩌나 걱정했어요. 그러고도 남을 분이니까요 어머니는. 라면은 제가 뜰게요."

"라면 스프 속의 야채들은 어떻게 만들었는지 아니?"

"말린 거잖아요?"

"진공 동결 건조법이라는 것이 있어. 이렇게 식품을 오랫동안 보관하기 위한 방법에는 이것 말고도 많은데 결국 미생물과의 전쟁이라고 볼 수 있지. 박테리아나 곰팡이 같은 것들도 우리와 비슷한 영양분을 필요로 하니 우리가 먹는 음식물을 늘 탐을 내거든. 그러니 미생물들이 우리의 음식물을 먹지 못하도록 막아야 하는데 예를 들면 생명체는 높은 온도에서는 살지 못한다는 성질을 이용해 국을 끓이는 것도 한 방법이지. 가끔 국을 데워 두는 것을 잊어버려 국이 상하는 경우가 생기잖아. 결국 미생물들에게 국을 빼앗긴 꼴이 되는 거지. 높은 온도를 이용하는 것 외에도 수분을 없애는 건조법, 소금에 절여 두는 염장법, 설탕이나 식초에 절여 두는 방법 등도 있고. 참치 통조림의 유통 기간이 얼마인지 아니? 보통 5년, 그 이상인 것도 있어.

여러 저장 방법 중 하나가 바로 이런 진공 냉동 건조법에 의한 것인데 인스턴트 식품에 주로 쓰이는 거지."

"냉동 건조라니 이상해요. 냉동은 얼리는 건데 건조는 또 뭐예요?"

"동결 건조라고도 하는데 물의 끓는점이 압력에 따라 달라지는 것을 이용한 거야. 압력 밥솥 기억하지?"

"압력을 높여 물의 끓는점을 100℃보다 높게 하여 음식을 빨리 익게 하는 것이었잖아요."

"그럼 반대로 압력을 아주 낮춰 주면 끓는점이 어떻게 될까?"

"압력이 낮아지면 끓는점이 낮아진다고 하셨잖아요."

"그렇지. 바로 그 점을 이용한 거지. 재료들을 −35℃ 이하의 온도로 아주 빠른 시간에 얼린 다음 진공 건조기 안에서 매우 낮은 압력 상태로 열을 가하게 되면 재료 속의 물이 얼어 있는 상태에서 액체 상태를 거치지 않고 바로 수증기로 되어 버려. 압력이 낮아지고 따라서 물의 끓는점도 낮아져 나타나는 결과이지."

"그럼 그것도 승화인가요?"

"그렇지. 고체가 액체 상태를 거치지 않고 바로 기체로 되니 승화의 한 예라 할 수 있지. 이렇게 냉동 건조를 한 경우에는 여러 가지 장점이 있다고 해. 일단 수분이 5% 이하의 건조 상태가 되니 보존성이 뛰어나고 가볍기도 하겠지. 그리고 영양소의 손실이 적고 재료들의 형태나 색깔, 냄새 등의 변화가 거의 없으며 또한 아주 빠른 시간에 원형 회복이 된다는 점이야. 컵 라면 같은 것에 들어 있는 야채들도 뜨거운 물을 붓고 조금만 있으면 원래의 상태를 회복하잖아."

"어떻게 그럴 수 있어요? 표고버섯 말린 거 불리려면 시간이 많이 걸리잖아요."

"그렇지. 자연 건조에 의해 말린 것과 차이가 생기는 이유는 얼음은 결정을 만드는데 얼음 상태에서 바로 수증기로 날아가 버리니 재료 속에 얼음이 차지했던 공간이 그래도 남아 있게 되거든."

"아, 알겠어요. 그 공간 속으로 물이 빨리 스며든다는 거죠?"

"거의 완벽에 가까운 복원력 때문에 정자 은행 같은 곳에서도 이 방법을 이용하고 있다고 해."

"정자를 건조시킨단 말이에요?"

"조금 다르지. 냉동 보존이라고 정자나 난자 같은 것을 초저온, 영하 196℃로 냉동시킴으로써 세포의 생명 활동을 일시적으로 중단시켜 두었다가 필요에 따라 다시 녹여 생명력을 회복시키는 것을 말하는 거야."

"영하 196℃라니 대단해요. 그리고 다시 생명력을 회복할 수 있다는 것도."

"그렇지. 요즘 탯줄 혈액 이야기 많이 하잖아. 제대혈이라고도 하는데 갓 태어난 신생아의 탯줄에 있는 혈액을 말하는 거야. 탯줄 혈액에서 분리한 조혈모 세포라는 것이 백혈병이나 소아암 등의 치료에 이용되고 있지."

"탯줄에 있는 피라면 아기가 태어날 때만 그 피를 구할 수 있겠네요?"

"그렇지. 그래서 아기가 태어날 때 탯줄 혈액을 냉동 보존해 두면 아이와 직계 가족이 백혈병 같은 것에 걸렸을 경우 보존해 두었던 탯줄 혈액 속의 조혈모 세포를 이식하는 것으로 치료할 수 있는 거지."

"백혈병 치료라면 골수 이식이 떠오르는데 어떻게 달라요?"

"골수 이식이라는 것도 역시 골수의 조혈모 세포를 이식하는 것인데 이식의 가장 큰 문제점은 주는 사람과 받는 사람 간의 유전인자가 어느 정도 일치하느냐지. 골수 기증자를 애타게 찾는 것도 유전

인자가 일치할 확률이 매우 적기 때문이거든. 하지만 탯줄 혈액의 조혈모 세포는 골수의 조혈모 세포보다 미성숙한 것이기 때문에 유전자가 한두 개 달라도 이식이 가능하며 이식 후 면역학적으로도 부작용이 훨씬 적다고 해."

"그러면 꼭 가족이 아니어도 된다는 거군요."

"그렇지. 그래서 훨씬 더 많은 사람의 생명을 구할 수 있지. 그것뿐만 아니라 탯줄 혈액을 통해 얻은 줄기 세포가 당뇨나 심장병 등 난치병에 활용되기도 해."

"줄기 세포요? 식물에만 줄기가 있는 거 아닌가요?"

"식물의 줄기를 말하는 것이 아니야. 줄기의 의미를 생각해 보면 쉽게 이해할 수 있을 거야."

"줄기라면 쭉쭉 뻗어 나가는 것이라는 생각이 제일 먼저 드는걸요."

"아직 유전자의 어떤 부분이 무슨 기능을 할 것인가가 결정되지 않아 그 어떤 세포로도 바뀔 가능성을 가지고 있는 세포라고 말하면 이해하겠니?"

"그러니까 어느 쪽으로 뻗어 나갈지 모른다는 말씀이시죠?"

"사람의 몸은 60조가 넘는 세포로 이루어져 있고 각각의 세포는 같은 유전자를 가지고 있어. 약 3만 5000개 정도의 유전자가 알려져 있는데 세포들이 모든 유전자들을 똑같이 작용시킨다면 우리의 몸은 모두 같은 크기, 같은 모양, 똑같은 기능만 하는 세포 덩어리에 불과할 거야. 진짜 그러니?"

"아니오. 많이 달라요. 혓바닥 세포와 손바닥 세포는 너무 다른걸요. 둘 다 바닥 세포이지만요."

"넌 가끔 너무 신기한 예를 드는 능력이 있어. 그렇지 혓바닥과 손바닥의 세포는 너무 다르지. 그건 혀와 손에 있는 세포들이 각각 다른 유전자들을 작동시키기 때문이겠지. 그래서 우리 몸에는 200여 종류가 넘는 모양과 기능이 다른 세포가 분화되어 있어. 그동안 이렇게 분화된 세포들은 더 이상 분화하지 않는다고 생각했었는데 수정란과 성인의 몸에서도 서로 기능이 다른 세포로 분화할 수 있는 능력이 있는 세포가 있다는 것이 밝혀진 거지."

"바로 다른 세포로 분화할 수 있는 능력을 가진 세포를 줄기 세포라고 하는군요. 가지를 뻗어 나갈 수 있단 말이군요."

"보통 줄기 세포는 배아 줄기 세포와 성체(成體) 줄기 세포로 구분해. 배아는 정자와 난자가 수정한 수정란이라고 생각하면 돼. 수정란은 바로 세포 분열을 시작하고 일주일쯤 후면 자궁벽에 착상을 하게 되는데 이 시기의 세포들은 유전자의 분화 방향이 결정되지 않은 상태로 이때를 배아 줄기 세포라고 해. 어느 것으로도 분화가 가능하다고 해서 만능 세포로도 불리지만 문제는 이 줄기 세포를 얻을 수 있는 방법과 생명 윤리의 입장에서 문제점들이 만만치 않아."

"수정란이 자라서 아기가 되는 거잖아요?"

"그러니 문제가 간단치가 않다는 거지. 그래서 가장 많이 쓰이는 방법이 체세포 복제를 통한 것이야. 복제양 돌리에 대해서는 들어 보았지? 그와 같은 방법을 사용하는 거지. 쉽게 말해 수정란 대신 사람의 몸에서 체세포를 분리한 뒤 핵을 뽑아 내 제거한 후 난자 속에 넣어 주는 거지."

"난자의 핵이 바뀌는 거군요."

"거기다 전기 화학적 자극을 주면 인공 배아가 만들어지게 되고 그것의 배양 과정을 통해 착상 전 단계까지 발생시켜 배아 줄기 세포를 얻을 수 있는 방법이지."

배아 줄기 세포 : 수정 후 착상 직전의 포배기의 배아나 임신 8~12 주 사이의 유산한 태아에서 추출할 수 있다.

"성체 줄기 세포는 어떻게 달라요?"

"성체 줄기 세포는 배아 상태보다 발생이 훨씬 진행된 다음에 나타나는 것으로 특정한 분화 방향이 결정되어 있다는 것이 차이점이라 할 수 있지. 아까 말한 조혈모 세포는 적혈구, 백혈구 등의 혈액 세포로 분화하도록 운명이 결정되어 있다는 거지. 어른이 되어서도 혈액은 계속 만들어져야 하는데 골수의 조혈모 세포가 있어 가능하다는 것은 무얼 의미하는 걸까?"

"성체 줄기 세포는 배아 시기가 아닌 어른에게도 있다는 뜻인가요?"

"그렇지. 어린이나 성인에게도 있으며 우리 몸에서 기능을 하고 있어. 우리 손에 상처가 나도 조금 지나면 아물잖아. 너무 당연한 것 같지만 바로 피부에 세포를 재생하는 줄기 세포가 있기에 가능하다는 거지. 피부처럼 자체 재생 능력이 있는 조직에는 성체 줄기 세포가 있고 그것에 의해 세포가 재생된다는 거지. 머리 피부의 줄기 세포에 의해 대머리를 치료할 수 있는 날이 곧 올지도 몰라."

"그럼 배아 줄기 세포보다는 구하기가 훨씬 쉽겠네요. 우리 몸 곳곳에 있다면요."

"물론 배아 줄기 세포보다는 쉽겠지만 그리 간단치가 않아. 그리고 이식의 문제도 그렇고. 골수의 조혈모 세포를 이야기했었지? 분리해 내는 데 10억 분의 1 정도의 확률이라고 하거든. 그러던 중 탯줄 혈액에서 줄기 세포를 얻을 수 있다는 걸 알게 되어 그 분야에 많은 관심을 가지고 연구가 진행되고 있지. 탯줄 혈액의 줄기 세포를 이용하여 정상적인 세포들의 분화를 유도해 질병을 치료할 수 있는 방법들이지."

"탯줄 혈액은 정말 여러 모로 쓰임새가 많은 중요한 것이네요."

2장

요리 도구에 숨은 과학

요리로 만나는 **과학 교과서**

1 랩

정전기

전기는 십대들이야!
다른 성만 좋아해

열여섯 살 아이가 남학생에게 관심이 없다면 누가 믿겠냐? 엄마는 그때 온 몸의 촉각이 남학생들을 향해 있었다고 해도 과장이 아닌 것 같은데. 이성이 좋은 게 당연한 거 아냐? 십대인 너희들과 전기의 공통점을 찾으라면 바로 이성을 좋아한다는 거지. (+)전하는 (−)전하를 무지 좋아하지만 같은 (+)전하는 좋아하지 않아. 아니, 싫어해서 밀어내려고까지 한다니까. 옷을 벗을 때 머리카락이 옷에 붙어 위로 솟구치는 것은 마찰에 의해 생긴 전기의 성질 때문이야. 얼마나 좋으면 그렇게 달라붙겠냐? 머리가 흐트러지는 부작용(?)이 있기는 하지만. 우리 생활에는 이런 정전기를 이용한 것들이 아주 많아. 같이 찾아보자.

· ·

"남은 야채는 랩으로 싸서 냉장고에 넣어 줘."

"랩으로 싸는 거 힘들어요."

"그게 뭐가 힘들다는 거야?"

"랩은 자꾸만 들러붙는단 말이에요. 야채를 싸기도 전에 자기들끼리 붙어 버리는걸요."

"전기를 띠고 있어서 그래."

"램이 전기를요?"

"물질을 이루고 있는 원자는 양성자의 수와 전자의 수가 같기 때문에 보통은 전기적인 중성, 즉 전기를 띠지 않아."

"알아요. 원자핵의 양성자와 전자의 수가 같기 때문이에요. 양성자는 (+)전하를, 전자는 (−)전하를 띠고 있는데 그 수가 같으니 중성이에요."

"와, 단번에 술술 나오는데. 털가죽과 고무 막대가 있다고 하자. 보통은 둘 다 전기를 띠지 않는 중성 상태야. 하지만 두 물체를 비벼 마찰시키면 털가죽은 전자를 잃어버리기 쉬운 성질을 가지고 있어서 털가죽의 전자가 고무 막대 쪽으로 이동하게 돼. 털가죽은 (−)전하를 띤 전자가 없어졌으니 상대적으로 (+)전하의 양이 많아져 (+)전기를 띠게 되고, 전자를 얻게 된 고무 막대는 (−)전하의 양이 많아지니 (−)전기를 띠게 되지. 이처럼 마찰에 의해 두 물체가 서로 다른 전기를 띠게 되는 것을 마찰 전기라 하는데 우리 일상생활에서도 흔히 볼 수 있어. 이때 발생한 전기는 다른 물체로 바로 이동되지 않고 머물러 있기 때문에 정전기라고도 해."

"아, 알아요. 책받침을 막 비벼서 머리에 대면 머리카락이 붙는, 그런 거 말씀하시는 거죠?"

마찰 전기

"맞아. 서로 다른 전기를 띤 물체들은 잡아당기는 힘을 가지게 되는데 그것을 인력이라고 해. 치마가 몸에 들러붙어 당황할 때가 있잖아. 스타킹과의 마찰에 의해 치마와 스타킹이 서로 다른 전기를 띠게 되고 둘 사이에 인력이 작용하여 자꾸만 붙으려고 하는 거지. 만약 같은 전기를 띠게 된다면 치마와 스타킹은 서로 밀어내는 척력이 작용하여 치마가 훌러덩 뒤집힐 텐데 말이야. 뭐가 그렇게 우스워?"

"너무 우스워서 말을 잘 못하겠어요. 치마와 스타킹이 서로 밀어내 바람도 안 부는데 치마가 들썩들썩하다 훌러덩 뒤집힌다고 생각해 보세요. 인력이 작용해서 들러붙는 게 천만다행이에요."

"머리 빗고 나면 머리카락이 사방으로 솟구치잖아. 빗과의 마찰로 인해 빗과 머리카락이 각각 다른 전기를 띠게 되는데, 이때 머리카락들이 모두 같은 전기를 띠게 되니 머리카락 한 올 한 올 사이에는 척력이 작용하게 되어 서로 밀어내니 사방으로 뻗치는 거야."

인력과 척력

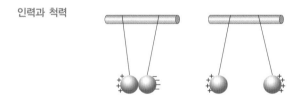

"그거하고 랩하고 무슨 상관이에요?"

"바로 랩이 그런 원리를 이용한 것이거든. 단단히 감겨 있던 부분이 떨어지면서 정전기를 띠게 되어 랩이 물체에 잘 달라붙게 되는 거야. 정전기는 시간이 지나면 없어지기 때문에 한 번 썼던 것은 처음만큼 잘 붙지 않는 거야. 그런데 랩을 살 때는 재료가 어떤 것인지 잘 보고 사야 해."

"여기 있는 랩 포장지에는 산성저밀도 폴리에틸렌이라고 되어 있어요."

"폴리염화비닐(PVC)이 원료인 것은 피해야 해. 그리고 폴리에틸렌 제품이라고 해도 전혀 무해하다고는 할 수 없어."

"안전하다고 되어 있어요."

"하지만 잘 읽어 보면 유성이 강한 식품을 전자렌지에 가열하는 경우 랩이 식품에 직접 닿지 않도록 하라고 적혀 있어. 여기 보면 내

용어 설명

- **대전** : 전기를 띠는 현상.
- **대전체** : 전기를 띤 물체.
- **전하** : 대전체가 띠고 있는 전기를 전하라고 하며, 그 양을 전하량 또는 전기량이라고 하는데 (+)전하와 (−)전하가 있다.
- **방전** : 대전체가 전기를 잃어버리는 현상.
- **도체** : 전기가 잘 통하는 물체.
- **부도체** : 전기가 잘 통하지 않는 물체, 절연체라고도 한다.
- **유전 분극** : 부도체 근처에 대전체를 가까이 할 때 가까운 쪽에는 반대 종류의 전하가, 먼 곳에는 같은 종류의 전하가 생기는 현상을 말하는데, 이때 전하는 부도체 전체적으로 나뉘어지는 것이 아니라 그 부도체를 이루고 있는 원자나 분자 내에서 전하가 나누어지는 현상.

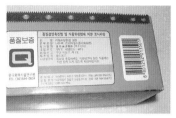
랩

열 온도가 120℃라고 되어 있는데 전자렌지의 경우 훨씬 높은 온도까지 올라가거든. 그리고 유성 즉, 기름기가 많은 음식에는 랩의 성분이 음식물로 옮겨지기 쉽기 때문에 매우 신경을 써서 사용해야 돼."

"중요한 주의 사항을 너무 작게 어려운 말로 적어 놓았네요."

"사용하지 않는 것이 가장 좋지만 그럴 수 없을 때는 될 수 있으면 그 양을 줄이고 조금이라도 덜 해로운 제품을 구입하는 것도 한 방법이야."

"마찰 전기에 대해 이야기를 했지만 꼭 두 물체가 마찰해야 전기를 띠게 되는 건 아니야."

"떨어져 있어도 전기를 띠게 된다는 거예요?"

"금속과 같은 도체에 전기를 띤 물체를 가까이 하면 그 물체와 가까운 쪽은 물체와 다른 전기를, 먼 쪽은 같은 전기를 띠게 되는데 이것을 정전기 유도 현상이라고 해. 부도체인 경우는 자유 전자의 이

동이 일어나지 않아 정전기 유도 현상은 발생하지 않고 유전 분극이 일어나."

"둘 사이에 차이가 있네요. 도체에서는 물체 전체에서 전자가 이동해서 양쪽이 다른 전기를 띠게 되는데 부도체에서는 전자가 움직이지 않는군요. 그래도 원자 안에서라도 전하가 나누어지는군요. 전기는 같은 극은 정말 싫어하나 봐요."

"전기는 십대들인가 보지."

"무슨 말씀이세요?"

"같은 전하보다는 다른 전하를 저렇게 좋아하니 하는 이야기야. 십대 아이들의 정신은 온통 이성 친구에게 쏠려 있는 것 같거든."

"그런 비유였어요? 썰렁해요. 정전기를 이용한 거 랩 말고는 없어요?"

"복사기의 원리도 정전기를 이용한 것이야. 복사기에는 종이의 흰 부분은 전기를 띠지 않고 글자나 그림이 있는 검은 부분은 전기를 띠는 판이 있어. 그래서 복사하려고 원본 종이를 얹으면 글자의 상이 전기를 띠는 판에 맺히게 되는데 글자가 있는 검은 부분은 (+)전기를 띠고, 글자가 없는 여백 부분은 전기를 띠지 않게 되지. 이 상태에서 (−)전기로 대전된 토너(검은 탄소가루)를 묻히면 (+)전기를 띤 검은 부분에만 토너가 붙게 되는 거야."

"토너는 (−)전기, 글자가 있는 부분은 (+)전기를 띠고 있으니 서로 착 달라붙겠네요. 인력이죠?"

"글자 부분에만 토너가 묻은 상태에서 새로 복사할 종이를 대고 열을 가하면 원본에 달라붙었던 토너가 열에 의해 새 종이에 달라붙게 되니 원본과 같은 글자가 찍히게 되는 거야. 레이저 프린터 역시 정전기를 이용한 거지."

"어머니 손이 닿으면 찌릿한 것도 정전기예요?"

"나의 정전기는 엄청나지. 사람의 몸에 쌓이는 정전기가 몇 만 볼트 이상이 될 때도 있다고 하거든. 불꽃이 튀면서 따끔하다고 느껴지기도 해."

"어머니는 불꽃이 자주 튀잖아요. 얼마나 놀란다고요."

"겨울에 자동차 문을 열 때는 겁이 날 지경이라니까."

"왜 겨울이 더 심해요?"

"정전기는 건조할 때 주로 발생하거든. 습도가 낮은 겨울에 많이 생기는 것은 당연하지. 치마가 스타킹에 달라붙을 때 물을 묻혀 주면 방전되어 잠깐 동안이기는 하지만 덜 달라붙어. 로션 같은 것을 발라 주어도 되고. 땅에 쇠사슬이 끌리도록 해 놓은 자동차 봤지? 그것도 방전을 위해서야. 도체로 만들어진 사슬을 매달아 두면 자동차가 달리는 동안 공기와의 마찰에 의해 자동차 표면에 쌓인 정전기를 사슬을 통해 땅으로 흘려보내게 되거든. 기름을 싣고 다니는 유조차 같은 것은 필수겠지. 혹시라도 그런 정전기로 인해 불꽃이 생길 수 있고 그러면 화재가 일어날 수도 있으니 말이야. 휴대폰에 의한 정전기 불꽃으로 주유소에 화재가 난 예도 있다고 하니 조심해야 해. 그래서 주유소에서 휴대폰 사용을 금지하고 있는 나라도 있다고 하는데 우리도 조심해야겠지?"

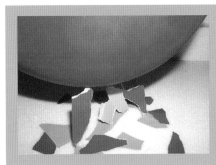
뾰족한 부분에 많이 모이는 전기

피뢰침은 벼락 방지용이 아닌 벼락 맞기용?

"피뢰침도 쇠사슬과 같은 원리예요?

"전기를 띤 물체를 보면 뾰족한 부분에 전기가 많이 모이거든. 종이를 찢어 두고 마찰된 풍선을 가까이 가져가면 종이의 뾰족한 부분이 풍선에 붙는 것을 볼 수 있어. 높은 건물이 벼락을 맞을 확률이 큰 것도 주변보다 뾰족하기 때문이라고 생각하면 돼. 하지만 피뢰침을 꽂아 두면 건물에 떨어진 벼락이 피뢰침을 통해 땅속으로 방전이 되므로 건물은 안전하게 되는 거지."

"피뢰침이 벼락을 방지하는 것이 아니고 벼락을 더 잘 맞도록 하는 거네요."

"그런 셈이지."

"(+)전기를 띠는 것과 (−)전기를 띠는 것은 정해져 있어요? 털가죽은 (+), 고무 막대는 (−)전기를 띠게 된다고 하셨잖아요."

"그렇지 않아. 대전열이라는 것이 있는데…."

"전기를 띨 때 열이 발생해요?"

"따뜻하다는 열이 아니라 대전되는 순서를 말하는 거야. 두 물체를 문질러 정전기를 발생시킬 때, 그 재질에 따라 (+)와 (−), 어느 쪽으로 대전하기 쉬운가의 순서를 보여 주는 것인데 보통 이렇게 나타내."

(+) 털가죽 – 유리 – 명주 – 나무 – 고무 – 셀룰로이드 – 에보나이트 (−)

"대전열의 (+)쪽 물체일수록 전자를 잃기 쉬워서 (+)전기를 띠게 되며, (−)쪽 물체일수록 전자를 얻기 쉬워 (−)전기를 띠게 돼."

"전자를 잃으면 (+)전기, 전자를 얻으면 (−)전기를 띠게 된다니 헷갈리겠어요."

"원자의 구조를 이해하고 (−)전하를 가진 전자가 이동한다는 것을 안다면 헷갈릴 것도 없어. 털가죽과 유리를 마찰시키면 털가죽은 (+), 유리가 (−)를 띠게 되겠지만 유리와 고무를 마찰시키면 유리가 (+), 고무가 (−)를 띠게 되는 거야."

"어느 것과 마찰시키느냐에 따라 띠게 되는 전기가 다르다는 말이군요."

"같은 종류의 물질이라도 두 물질이 완전히 같다고 할 수 없어. 한쪽에 습기가 많다거나 때가 묻어 있다거나 하는 것에 따라 전기를 띠는 정도는 달라지거든. 물질의 대전열은 완전하게 정해진 순서가 아니라 대체적인 경향을 말해 준다고 보면 돼."

오늘은 어떤 실험해요?

실험 1　휘어라, 물줄기!

준비물　풍선, 털 인형

방법　털 인형을 풍선에 문지른 다음 풍선을 흐르는 수돗물 가까이 가져가 본다.

　　　※ 주의 : 물에 의해 방전되므로 풍선이나 인형에 물이 닿지 않도록 한다.

 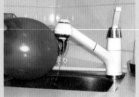

이건 알이지...　털 인형과의 마찰에 의해 전기를 띠게 된 풍선에 의한 인력으로 물줄기가 휘게 되는 것이다.

실험 2 손대지 말고 펜을 돌려 봐!

준비물   플라스틱 펜 2개, 풍선, 털 인형, 견본용 화장품 통

방법   ❶ 견본용 작은 화장품 통 위에 플라스틱 펜을 올린다.

       ❷ 풍선에 털 인형을 문지른다.

       ❸ 풍선을 펜 가까이 가져가 이리저리 움직여 본다.

       ❹ 풍선 대신 같은 플라스틱 펜을 마찰시켜 실험을 해 본다.

       ❺ 2개의 플라스틱 펜을 한꺼번에 털 인형에 문지른 후 하나는 화장품 통에

          얹고 다른 하나를 가까이 가져가 본다.

이건 알이지… 털 인형과 마찰시킨 풍선은 (−)전기를 띠게 되어 화장품 병 위에 얹어 둔 플

라스틱 펜을 끌어당기기 때문에 펜은 풍선이 움직이는 쪽으로 이동하게 된다. 풍선 대

신 플라스틱 펜으로 해도 결과는 같지만 플라스틱 펜을 같이 마찰시키면 두 펜 모두

같은 (−)전기를 띠게 되어 두 펜 사이에 밀어내는 힘(척력)이 작용하여 화장품 통 위

의 펜은 밀려가면서 회전하게 된다.

실험 3 난 너 싫어! 나도!

준비물   풍선 2개, 털 인형, 실, A4 크기 종이

방법   ❶ 풍선 2개를 아주 가까이에 두고 실을 이용해 싱크대 손잡이에 매단다.

　　　❷ 풍선 하나는 그대로 두고 다른 하나에만 털 인형으로 문지른 후 가까이 가

　　　　져가 본다.

　　　❸ 2개의 풍선을 같이 털 인형으로 문지른 다음 두 풍선의 움직임을 관찰한

　　　　다.

　　　❹ 2개의 풍선 사이에 종이를 가져가 본다.

　　　❺ 종이를 다시 빼면서 풍선의 움직임을 관찰한다.

　　　※ 주의 : 이 실험을 할 때 모직 옷을 입지 않도록 하고 2개의 풍선은 한쪽 면만 문지르

　　　　지 말고 풍선 전체를 골고루 문질러 준다.

**이건
알아두기**　풍선 하나에만 전기를 띠게 하면 끌어당기는 힘(인력)이 작용해 두 풍선은

붙으려 하지만 두 개의 풍선을 모두 같은 털 인형으로 문지르면 두 개의 풍선은 같은

전기를 띠게 되므로 밀어내는 힘(척력)이 작용하게 된다. 이때 종이를 풍선 사이에 두

면 종이와 풍선 사이에 인력이 작용하여 종이 가까이로 오게 되므로 두 풍선은 종이

를 사이에 두고 가까워지지만 종이를 빼면 다시 두 풍선 사이의 척력에 의해 풍선은 서로 밀어내 멀어지게 된다.

실험 4 복사기의 비밀을 알려줄까?

준비물 뚜껑 있는 플라스틱 통, 후추, 흰 종이, 가위, 풀, 털 인형

방법 ❶ 플라스틱 통의 한쪽에 흰 종이를 풀로 붙여 완전히 말린다.

❷ 플라스틱 통에 후추를 담은 후 뚜껑을 닫고 털 인형으로 종이가 붙은 쪽만 문지른다.

❸ 통을 아래위로 흔든 다음 뚜껑을 열어 통에 든 후추를 털어낸다.

❹ 후추가 어느 쪽에 붙어 남아 있는지 확인한다.

※ 주의 : 물기가 있으면 방전이 되므로 풀이 완전히 마른 후 실험을 하고 사용하는 그릇 도 물기가 없어야 한다.

이건 알아두기 털 인형과 플라스틱 통을 마찰시켰으니 플라스틱은 대전열에 따르면 (−)전 기를 띠게 된다. 따라서 전기를 띤 곳에 후춧가루가 붙게 되는 것이다. 후춧가루는 절

연체이므로 정전기 유도는 일어나지 않고 유도 분극이 일어난다.

털 인형을 문지른 쪽 플라스틱 통

후춧가루

털 인형을 문지르지 않은 쪽 플라스틱 통

이것으로 복사기의 원리를 이해할 수 있다.

실험해 볼까

원본 종이

대전판 : 글자가 있는 부분만 (+)로 대전, (−)로 대전된 토너의 검은 입자가 붙는다.

복사할 종이 : 글자가 있어 대전된 부분에만 검은 입자가 붙는다. 이 상태에서 열을 가하면 입자가 녹으면서 복사할 종이에 원본과 같은 것이 복사된다.

2 녹슨 은수저

산화, 환원

전자를 잃으면 산화요, 얻으면 환원이라

요즘 자꾸만 뭘 잃어버려 큰일이야. 엄마가 아마 녹이 슬었나 보다. 머리가? 오! 노우~.
산화 환원을 알면 이 수준 높은 유머를 이해할 텐데. 은으로 만든 장신구나 수저를 공기 중에
두면 색깔이 변하거나 벽에 박아 둔 못이 시간이 지나면 녹이 스는 이유는 엄마처럼 뭘 잘 잃
어버려서 생긴 결과거든. 원자에 관해 이야기할 때 전자는 이동할 수 있다고 했었지? 전자의
이동에 의해 산화 환원 반응이라는 것이 일어나고 그 결과 녹이 슬게 되는 거야. 전자를 잃으
면 산화, 얻으면 환원. 간단하지? 녹이 잘 스는 것들을 찾아보면 공통점이 있어. 바로 전자를
잘 잃어버린다는 거지. 과학을 알면 유머가 보인다, 이 말씀.

• •

"어머니 제 은 숟가락 어딨어요?"

"갑자기 그건 왜?"

"오늘은 제 생일이니까 은 숟가락으로 밥 먹으려고요. 할머니께서
특별한 날에는 은 숟가락 쓰라고 하셨거든요."

"서랍 어딘가에 있겠지. 네가 찾아봐."

"이게 뭐예요? 은 숟가락이 왜 이렇게 됐어요? 안 씻어서 넣어 놓으셨어요? 때가 새까맣게 끼었잖아요."

"녹이 슬어서 그런 거지."

"세상에나. 어떻게 이렇게 되도록 두셨어요?"

"내가 뭘. 그냥 공기 중에 두면 저절로 그렇게 되는데. 하긴 부지런해서 자주 닦아 주었으면 그렇게 되지 않았겠지만."

"지금 닦아요. 얼른요."

"아, 알았어. 그 공주 엄청 깔끔 떠는군."

"뭐 하시는 거예요? 숟가락 닦을 생각은 않고 냄비에 물은 왜요?"

"은 숟가락 깨끗이 하려고 하는 거야. 내가 이래도 과학 선생 아니니. 과학적으로 해결하려고 하는데 옆에서 말이 많아."

"소다는 왜 넣어요?"

"좀 두고 보면 어떨까? 서랍에서 알루미늄 호일을 꺼내 줘."

"그건 또 왜요?"

"나중에 다 설명해 줄 테니 얼른 꺼내 주세요."

"알루미늄 호일을 끓여요?"

"알루미늄 호일을 넣고 그 위에 녹이 슨 은 숟가락을 놓고 끓이면 돼."

녹슨 은수저의 변신

"은 숟가락에 생긴 검은 것이 녹이에요?"

"응. 금속은 공기 중의 기체와 반응해서 녹을 만들어. 은 숟가락이 공기 중의 황화수소(H_2S)와 반응해서 황화은이라는 물질을 만드는데 그것이 바로 검은 녹이지. 이 기회에 산화 환원 반응에 대해 알아볼까. 산화란 화학 반응에서 어떤 물질이 전자를 잃게 되는 것을 말해. 우리가 흔히 말하는 산소와 결합하는 산화는 전자를 잃는 산화의 일종이야. 환원은 반대로 전자를 얻는 거고. 산소를 잃게 되는 반응도 이 환원의 일종이지. 황화은이 만들어지는 것은 산화에 의해 전자를 잃어서 된 결과이니 잃은 전자를 어디선가 다시 찾아오면 원래의 은으로 되돌아갈 수 있는 거야. 알루미늄 호일을 왜 넣느냐고 물었었지? 녹슨 은이 다시 원래의 상태로 되려면 어떻게 해야 한다고 했지?"

"전자를 얻어야 한다고 했어요."

"누군가 은에게 전자를 줄 물질이 있어야 하잖아."

"알루미늄은 은에게 전자를 주기 위해 넣는 거란 말이에요?"

"맞아. 알루미늄은 은이 환원될 수 있도록 도와주기 위해서야. 알루미늄처럼 자신은 산화되면서 다른 물질을 환원시키는 것을 환원제라고 한단다. 알루미늄이 산화되면서 나온 전자를 은이 받아 환원이 돼 원래의 은, 즉 녹슬지 않은 반짝이는 은으로 되돌아온 거야."

"소다는 왜 넣었어요?"

"소다는 호일의 산화알루미늄 막을 벗기기 위해서지. 알루미늄 호일에는 반짝이는 면과 좀 어두운 쪽이 있는데 반짝이는 면에는 산화알루미늄 막이 입혀져 있어. 이 산화알루미늄 막을 벗겨 주어 알루미늄이 전자를 잘 내놓을 수 있도록 해야 은이 전자를 얻기 쉽잖아. 양철 깡통은 녹이 잘 슬지만 알루미늄 깡통은 녹이 잘 슬지 않는 것도 산화알루미늄 때문이야. 알루미늄을 공기 중에 두면 표면에 얇은 산화알루미늄 막이 만들어지는데 안쪽의 알루미늄이 산화 즉, 녹스는 걸 막아 주거든."

"못이 녹스는 것도 같은 거예요?"

"철이 녹슬기 위해서는 산소와 물이 필요해. 물에 녹아 있는 산소가 철의 전자를 받아 환원되고 철은 산소에게 전자를 줌으로써 산화되어 녹이 생기는 거야."

"주고받으니 정신이 없네요."

"간단하다니까. 전자를 잃으면 산화, 받으면 환원."

"산소하고 결합하면 전자를 잃게 되는 거예요? 산소와의 반응은 전부 산화 반응이라면서요?"

"산소는 아무 금속하고나 쉽게 결합하지는 않아. 산소는 자신에게 전자를 쉽게 내주는 금속하고 결합을 잘하거든. 철이나 마그네슘, 아연, 알루미늄과 같은 금속은 전자를 쉽게 내주는 성질이 있어서 산소와 결합하여 쉽게 녹이 슬지. 하지만 은이나 금은 전자를 잘 내주지 않는 성질이 있어서 산소와 결합하기 힘들고 녹이 잘 슬지 않아."

"녹이 잘 슬지 않는다는 은 숟가락이 저렇게 녹이 슬었으니…."

"어허, 오늘 강의를 제대로 듣지 않았군. 은 숟가락이 검게 변한건 공기 중의 황화수소와 반응했다고 했거늘. 은 숟가락으로 달걀찜을 떠먹어도 색이 변하는데 달걀의 황 성분에 의해 은이 산화되기 때문이야. 산화가 무조건 산소와의 반응을 뜻하는 게 아니라 전자를 잃는 것이라고 했었는데. 그리고 바로 은의 전자를 잘 내주지 않는 성질과 알루미늄의 전자를 잘 내주는 성질, 즉 산화 정도의 차이를 이용한 것이 오늘의 핵심이야."

"산화되는 정도가 달라요?"

"물론 금속마다 산화될 수 있는 정도가 조금씩 다르지. 아연은 철보다 산화되기 쉬우며, 철은 구리보다 산화되기 쉬워. 그럼 아연과 구리를 비교하면?"

"아연은 구리보다 훨씬 산화되기 쉬워요."

"이처럼 산화되기 쉬운 정도의 차가 크게 나는 두 개의 금속판을 두 금속이 모두 녹을 수 있는 곳에 넣으면 어떻게 될까?"

"둘 다 산화되지는 않을 거잖아요."

"산화되기 쉬운 아연은 산화가 되지만 상대적으로 산화되기 어려운 구리는 환원이 되겠지. 아연과 구리 둘 다 전자를 내놓고 산화되려 하겠지만 상대적으로 힘이 강한 아연이 전자를 내놓을 테니까 구리는 일방적으로 전자를 받을 수밖에 없으니 환원되는 수밖에."

"그럼 녹이 슬지 않게 하려면 산화를 막아야겠네요. 산소와 접촉을 막으면 되는 거죠? 산소에게 전자를 주지 못하게. 철은 아주 강한 줄 알았는데 눈에 보이지도 않는 산소에게 전자를 빼앗기고 녹이 슨다니 뜻밖이에요."

"그러기 위해 페인트 칠을 하거나 도금을 하기도 하지. 법랑 냄비도 마찬가지고. 또 다른 방법으로 은 숟가락에 썼던 방법을 쓰는 거야. 어떻게 하면 될까?

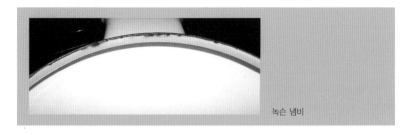
녹슨 냄비

"전자를 더 쉽게 내놓는 금속을 이용하는 거요?"

"마그네슘이나 아연같이 철보다 전자를 더 쉽게 내놓는 금속을 철에 연결하면 이들 금속이 대신 녹슬면서 철을 녹슬지 않게 해 주거든. 이 원리를 이용해 배에 아연 막대기를 달아두거나 기름 탱크에 마그네슘을 연결해 철이 녹스는 것을 막는다고 해."

"냄비 뚜껑도 녹이 슬었어요."

"그래? 법랑이라 괜찮을 줄 알았더니."

"법랑이 뭐예요?"

"장석을 주성분으로 하는 색채가 다양한 유리질의 유약을 바르는 것을 말하는데 어디에 하느냐에 따라 다르게 불러. 구리에 유약을 바르면 칠보, 철이나 알루미늄 같은 금속에 바르면 법랑, 은에 바르면 파랑이라고 한다는구나. 법랑 처리한 부분이 벗겨져 안쪽에 있는 철에 산소와 물이 닿아 녹이 슨 거야."

"녹슬지 않게 하려면 일단 물기를 깨끗이 없애고 보관해야겠어요. 은수저 같은 것은 공기와 접촉하지 않도록 비닐 같은 것으로 싸 두고. 어머니에게 맡겼다가는 내년 생일에 또 녹슨 은 숟가락을 삶아야 할 테니까요."

"으~ 딸의 잔소리도 만만찮아."

실험 1   깨끗한 돈으로 부자 되자!

준비물   더러워진 10원짜리 동전, 식초, 소금

방법   ❶ 더러워진 10원짜리 동전을 유리 그릇에 담는다.

❷ 동전 위에 소금을 뿌린다.

❸ 그 위에 식초를 몇 방울 떨어뜨린다.

❹ 고무장갑을 끼고 동전을 살살 비벼 준다.

❺ 동전을 물로 씻는다.

※ 주의 : 식초와 소금이 만나면 묽은 염산이 되므로 피부에 묻지 않도록 조

심한다.

이건 알아두지   10원짜리 동전의 구리가 공기 중의 산소 등과 반응해 산화하면 녹이 슬게 된다. 소금과 식초를 섞은 물에 녹슨 동전을 넣어 비벼 주면 동전이 깨끗해지는 것은 소금과 식초에 의해 만들어진 묽은 염산에 의해 잃어버렸던 전자를 얻게 되어 원래의 구리로 돌아갔기 때문이다. 보통 금속은 산에 약하여 부식이 일어나지만 구리는 산에 강한 성질이 있다.

3 물컵 속 숟가락

빛의 굴절과 반사, 오목 거울과 볼록 거울

물 속에서 내 다리는
왜 더 굵을까?

눈이 부셔 뜰 수가 없다고? 찡그린 얼굴 하지 마. 빛이 있어야만 우리는 볼 수 있단다. 수영장에서 물 속에 있는 다리를 보면 어때? 엄마의 날씬한(?) 다리를 뚱뚱하게 만드는 범인이 빛이라는 걸 아니? 빛의 여러 성질을 이용하면 친구들을 놀라게 할 마술도 할 수 있는데, 마술사가 되어 볼까? 밤하늘의 별이 반짝이는 것도 빛의 굴절하는 성질 때문이라니 신기하지 않니? 거울아, 거울아 이 세상에서 누가 제일 예쁘니? 갑자기 거울은 왜 찾느냐고? 빛의 반사를 이용한 것이 거울이거든. 슈퍼마켓 구석에 있는 볼록 거울에 비친 우리 모습이 어땠는지 기억하지? 오목 거울이 아닌 이유가 뭘까? 우리가 가지고 있는 볼록 거울과 오목 거울에는 어떤 것들이 있는지 찾아보러 갈까.

● ●

"김치찌개 간 좀 봐 주세요."
"숟가락 줘 봐."
"숟가락이 남은 게 없어요."
"숟가락이 왜 없어?"

"자꾸만 새 것을 꺼내 썼더니 몽땅 설거지통에 들어가 있어요. 하나 씻어 드릴게요."

"요리할 때 도구들은 최대한 적게 사용하고 정리해 가면서 요리하면 나중에 뒷정리하기가 쉽잖아. 이렇게 있는 대로 꺼내 쓰면 설거지할 게 너무 많아져서 힘들어."

"요리하면서 씻고 정리한다는 건 어려워요. 나중에 한꺼번에 하는 게 더 편해요."

"그래도 이건 좀 심했다. 숟가락 얼른 줘 봐."

"찾아서 씻으려 하고 있어요. 그런데 어머니, 물컵 안에 든 숟가락이 잘린 것처럼 보이는 건 왜 그래요?"

"우리가 어떤 물체를 볼 수 있는 것은 그 물체에서 반사된 빛이 우리 눈을 자극하기 때문이라는 건 잘 알고 있지?"

"빛은 눈의 적합 자극이잖아요."

"빛은 직진 즉, 똑바로 나가는 성질이 있는데 공기에서 물로 매질이 바뀌면 빛의 속도가 달라지게 돼. 공기와 물의 밀도가 다르기 때문에 빛이 나가는 데 방해 받는 정도가 달라지니 당연히 속도가 달

빛의 굴절에 의해 잘려 보이는 숟가락

라지지. 공기와 물, 공기와 유리와 같이 두 매질 경계면에서 빛이 속
도가 달라져 꺾여 보이게 되는데 그런 현상을 빛의 굴절이라고 해.
입사 광선과 법선 사이의 각을 입사각이라 하며 굴절 광선과 법선
사이의 각을 굴절각이라고 하는데 빛이 공기 중에서 물 속으로 진행
할 때는 늘 굴절각이 입사각보다 작아. 이처럼 속도가 빠른 매질에
서 느린 매질로 들어가면 굴절각이 작아지고 반대가 되면 굴절각은
커지게 되는 거지. 또 입사각이 작아지면 굴절각도 작아져. 물이 든
컵에 우유를 아주 조금 넣고 손전등을 비춰 보면 빛이 지나가는 것
을 확인할 수 있어."

"숟가락의 일부는 물 속에 있고 일부는 공기 중에 있으니 숟가락
에서 나오는 빛이 굴절되어 실제 위치보다 떠올라 보이게 해. 물 속
에 잠긴 부분이 위로 떠 있는 것처럼 보이니까 공기 중에 있는 부분
과 연결되지 않고 숟가락이 잘려진 것처럼 보이는 거야. 강에서 물
고기를 잡을 때 눈에 보이는 곳에 물고기가 있다고 생각한다면 물고
기를 잡을 수 없겠지. 물고기는 우리 눈에 보이는 것보다 아래쪽에
있기 때문이야."

"수영장 갔을 때 물 속에 있는 어머니 다리가 짜리몽땅해 보이는

빛의 굴절

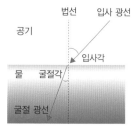

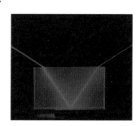

물컵 속 동전의 변화

것도 빛의 굴절 때문이에요?"

"그렇지. 또한 빛의 굴절 때문에 태양이나 별이 진짜 위치보다 높은 곳에 있는 것처럼 보이기도 해. 물컵 속의 동전을 위에서 내려다보면 동전이 있는 위치는 변하지 않지만 얕은 곳에 있는 것처럼 보여. 보는 위치를 달리하면 마치 크기가 다른 두 개의 동전이 있는 것처럼 보이기도 하고 어느 시점에서는 동전이 사라져 눈에 보이지 않기도 해. 또 물 속에 잠긴 부분이 실제보다 커 보이는 이유는 컵의 면이 둥글어 볼록 렌즈의 역할을 하기 때문이야."

"빛이 굴절하는 정도는 매질의 종류에 따라 다르다고 했으니 물 속으로 들어갈 때와 유리창을 통과할 때는 다르겠네요?"

"당연하지. 공기 중에서 같은 입사각으로 입사하더라도 굴절되는 정도는 금강석, 유리, 물의 순서로 큰데 그 이유는 금강석에서 빛의 속도가 가장 느리기 때문이야. 숟가락 들고 뭐 하는 거야?"

숟가락은 오목
거울 볼록 거울

난반사가 없다면 책도 못 읽어

"숟가락으로 얼굴을 보면 너무 웃겨요. 오목한 쪽으로 보면 제가 거꾸로 보이고 볼록한 뒷면으로 보면 똑바로 보이는 건 왜 그래요?"

"빛의 반사에 대해 알아야 이해가 될 거야. 빛은 진공이나 균일한 물질 안에서는 직진을 하지만 두 물질의 경계면에 도달하면 굴절해 나가기도 하고 반사를 하기도 하거든. 물 속으로는 빛이 들어가지만 거울에서는 빛이 반사되지. 빛이 반사될 때는 입사각과 반사각의 크기는 언제나 같아."

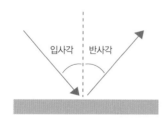

입사각 반사각

정립 : 상이 똑바로 맺힘.
도립 : 상이 거꾸로 맺힘.
실상 : 상이 거울 밖에 맺힘.
허상 : 상이 거울 안에 맺힘.
초점 : 거울 축에 나란하게 들어온 빛이 반사
　　　된 뒤 한곳에 모이는 점.

"숟가락이 거울이에요?"

"숟가락도 빛을 반사하니까 같은 원리지. 오목 거울은 거울의 반지름과 초점에 따라 상이 달라지게 되는데 멀리 있을 때는 실제보다 작으면서 거꾸로 된 상(축소된 도립 실상), 점점 가까이 오면 크고 거꾸로 된 상(확대된 도립 허상)이 생기고, 아주 가까이, 거울의 반지름보다 더 가까이 있게 되면 크고 똑바로 선 상(확대된 정립 허상)이 생겨. 말이 좀 복잡하지? 간단히 말해서 오목 거울은 거울의 반지름보다 먼 거리에서 보면 상이 거꾸로 보인다는 거야. 숟가락의 반지름이라고 해 봐야 긴 쪽으로 해도 3cm 정도밖에 안 되겠지? 그 정도로 가까이 보면 상이 똑바로 보이겠지만 그보다 멀리서는 상이 아래위 뒤집혀 보이는 거지. 숟가락을 거의 눈에 닿을 정도로 가까이 가져오면 상이 아주 커다래지면서 똑바로 보이는데 워낙 커져 버려 아마 네 눈의 일부분밖에 보이지 않을 거야."

"숟가락 뒤는 볼록 거울과 같겠네요."

"그렇지. 볼록 거울은 언제나 똑바로 서 있는 상만을 보여 주는데 거울에 비친 상의 크기가 실제보다 늘 작기 때문에 넓은 부분을 한꺼번에 볼 수 있어. 슈퍼마켓에 가면 구석에 둥근 볼록 거울이 설치된 거 본 적 있지? 자동차의 옆 거울도 볼록 거울이야. 그 거울에 보면 사물이 거울에 보이는 것보다 가까이에 있다고 적혀 있는데 그건 거울에 비쳐진 상의 크기가 작기 때문에 사람들이 그 크기로 거리를 예측하는 것을 막기 위해서야. 멀리 있어서 작게 보이는 것도 있지만 볼록 거울이라서 실제 크기보다 작게 보이는 거거든. 그러니 거울에 비친 크기만 보고 뒤차가 아주 멀리 있다고 착각하면 안 된다는 거지."

"오목 거울을 자동차에 달면 어떻게 될까요?"

"정신없겠지. 멀리 있을 때는 차가 거꾸로 뒤집힌 채 달려오다가 가까이 오면서 뒤집힌 채로 크기가 커졌다가 더 가까이 오면 차가 확 뒤집어지면서 엄청나게 커지는가 싶더니 옆을 지나가겠지? 자동차 옆 거울의 반지름보다 짧은 거리에 있을 때 상이 똑바로 서게 되니까 말이야. 생각만 해도 어질어질해서 멀미가 날 것 같아. 다른 이야기지만 치과나 이비인후과에서 의사 선생님들이 쓰는 작은 거울은 어떤 것일까?"

"그거야 오목 거울이겠죠? 크게 봐야 하니까요."

"거꾸로 보이지는 않을까?"

"아주 가까이 대고 보니까 똑바로 선 모습이 보일 거예요. 그리고 엄청 크게 보이고요."

"그렇지. 그런데 거울 속의 물체는 왜 한 면만 보일까? 옆모습을 보려면 이리저리 몸의 방향을 바꿔야 하잖아. 거울이나 외부 자극이 없는 수면처럼 표면이 매끄러운 경우는 표면 전체에서 규칙적인 방향으로 빛이 반사되는데 이를 정반사라고 해. 정반사는 특정한 방향으로만 일어나므로 아무 방향에서나 상을 볼 수 없는 거야. 물체 표면에서 빛이 한 방향으로만 반사한다면 그 방향에서만 물체를 볼 수 있는 거지. 대부분의 물체는 거울처럼 표면이 매끈하지 못하고 울퉁불퉁하기 때문에 부분적으로는 반사의 법칙을 지키지만 전체적으로 보면 불규칙하게 빛을 사방으로 반사하는데 이 경우는 난반사라고 해. 우리가 한 물체를 어느 방향에서나 잘 볼 수 있는 것은 바로 이런 난반사 때문이지. 여기서 저기 있는 책을 어떤 각도에서도 볼 수 있는 것은 책이 난반사를 하기 때문이야. 난반사에서는 한 곳에서 나온 빛이 불규칙하게 반사되기 때문에 거울처럼 상이 만들어지지 않아. 책을 얼굴에 갖다댄다고 책에 네 얼굴이 비춰지지는 않는 거지."

"난반사가 있는 게 다행이에요. 여기저기 쳐다보는 것마다 제 얼굴이 다 보인다고 생각해 봐요. 모든 물체가 정반사만 한다면 세상 모든 물체가 다 거울일 거 아니에요. 책 읽으려고 하는데 책장마다 제 얼굴만 비칠 거잖아요. 아휴우~ 생각만 해도 정신 산만하고 아찔해요."

"빛뿐만이 아니라 소리도 반사를 한다는 거 알고 있지?"

"그럼요. 우리 귀에 들리는 소리는 직접음과 물체의 표면에 부딪혀 반사된 반사음이 합쳐진 거예요. 산꼭대기에 올라가면 소리를 반사시키는 반사면이 멀리 떨어져 있는 건너편 산이니 직접음은 금방 들리는데 반사음은 공기를 진동시켜 건너편 산에 갔다가 되돌아오게 되잖아요. 그러니까 반사음이 직접음보다 훨씬 늦게 들려 내 소리를 다시 내가 들을 수 있는데 그것이 바로 메아리예요."

"우와, 너 정말 대단하다. 나보다 나은 것 같아."

"제가 워낙 과학을 좋아하잖아요. 그리고 책을 읽어서 알게 된 걸요. 쑥스럽게…. 한 가지 더 말해요? 달에서는 아무리 소리쳐도 들리지 않아요. 소리는 전달해 줄 매질이 있어야 하는데 달에는 공기가 없으니 당연히 소리 전달이 안 되는 거죠. 어흠!"

오늘은 어떤 실험해요?

실험 1   달에서 반짝이는 별을 볼 수 있을까?

준비물   유리컵, 물, 흰 종이, 가위, 접착 테이프, 손전등, 젓가락

방법   ❶ 흰 종이를 컵의 바닥 크기 정도로 둥글게 자른다.

　　　❷ 종이 군데군데 구멍을 낸 뒤 접착 테이프로 컵의 바닥에 고정시킨다.

　　　❸ 컵에 물을 반 이상 붓는다.

　　　❹ 컵의 아래쪽에서 손전등을 비추면 종이의 뚫린 구멍을 통해 빛이 보이는데

　　　　이때 젓가락으로 물을 저으면서 어떤 현상이 일어나는지 관찰한다.

이건 알이지   밤하늘에 별이 반짝이는 이유는 빛의 굴절 때문이다. 빛은 서로 다른 매질 사이를 통과할 때 굴절을 하지만 같은 매질에서도 밀도의 차이가 있으면 굴절이 일어난다. 지구의 대기층도 대기압의 차이에 의해 밀도 차가 있기 때문에 별빛이 굴절되어 우리 눈에 별이 깜빡거리는 것처럼 보인다. 젓가락으로 물을 저어 주면 반짝이는 것을 볼 수 있는 것처럼 바람이 많은 날은 공기의 밀도 차가 심하므로 굴절이 많이 일어난다. 그러니 공기가 없는 달에서 보면 별은 반짝이지 않는다. 아지랑이도 이와 같이 매

질인 공기의 밀도 차에 의한 빛의 굴절 때문에 일어나는 현상이다. 아스팔트 부근의 공기는 빨리 뜨거워지므로 밀도가 작아 위로 올라가게 되는데 뜨거워져 위로 올라가는 공기와 그렇지 않은 공기 사이를 빛이 통과하면서 굴절이 일어나 아지랑이가 생기는 것이다. 꼭 여름날 뜨거운 아스팔트에서가 아니라도 겨울철 난로 옆과 같이 뜨거운 물체 부근에서는 아지랑이를 쉽게 볼 수 있다.

실험 2 동전아, 떠올라라 얍!

준비물 동전, 불투명한 컵(넓고 너무 깊지 않은 것), 물

방법 ❶ 동전을 컵 안에 넣는다.

❷ 컵에 든 동전이 보이지 않을 때까지 뒤로 이동한다.

❸ 동전이 보이지 않는 상태에서 컵에 물을 천천히 붓는다.

이건
알아지 컵 속의 동전이 보이지 않는 것은 동전에서 반사된 빛이 우리 눈을 자극하지 않기 때문이다. 하지만 컵에 물을 부으면 컵 속의 공기를 지나던 빛이 물 속을 지나면서 동전에서 반사된 빛이 굴절돼 우리 눈을 자극하게 됨으로써 동전이 보이게 되는 것이다.

4 고무장갑

피부, 탄성력, 일

땀이 안 나면
체온이 엄청 올라갈걸!

일을 많이 해서 힘들다고? 무거운 냄비를 들고 서 있는 건 일을 하나도 안 한 건데? 나 보고 그러지 마. 과학을 알면 원망이 사라질걸. 요리를 할 땐 다칠 수 있으니 조심해야 해. 특히 피부. 여기 흉터 보이지. 감자 썰다 손까지 쓰윽~. 진피까지 상했다고 소리를 질렀지만 가족들은 아무도 반응이 없더군. 나중에 아버지 하는 말씀, "살이 푹 패였다고 해야지 진피가 어쩌고 하니 뭔 말인지, 쯧쯧. 많이도 다쳤군." 가족들이 피부의 구조를 조금만 알았더라도 얼른 달려 왔을 텐데 말이야. 오늘 같이 알아볼 것들을 벌써 다 말해 버렸네. 일, 피부, 탄성.

"설거지 부탁해."

"알았어요. 깨끗이 할게요."

"고무장갑 끼고 해."

"저는 고무장갑 끼면 너무 둔해서 일을 잘 못하겠어요. 그릇도 잘 미끄러지고. 하여튼 맨손으로 하는 게 편해요."

"손이 불 텐데."

"그렇겠죠. 물에 넣으니까요. 그런데 왜 그래요? 특히 목욕탕 갔다 오면 손발이 쭈글쭈글하잖아요. 설거지하고 나면 그렇지는 않지만요."

"우리 몸의 피부는 세포로 되어 있고 세포의 막은 반투성막이거든. 무슨 이야기가 나올지 알겠지?"

"반투성막이라면 삼투압이 나오겠지요. 그럼 제 손의 세포 속으로 물이 들어온단 말이에요? 물은 농도가 낮은 곳에서 높은 곳으로 이동한다고 했으니 설거지하는 물이 제 손 세포 안으로…. 이럴 수가?"

"맞아. 물이 피부 세포로 스며들어 피부가 불어나면 쭈글쭈글해지는 거야."

"저는 반대로 물이 빠져나가서 그런 줄 알았어요. 지난번에 어머니께서 대추 말린다고 널어놓은 거 보니 쭈글쭈글한 게 꼭 목욕탕 갔다 온 제 엄지손가락 같았거든요. 그건 수분이 빠져나가서 그런 거잖아요."

"손바닥과 발바닥이 유난히 쭈글쭈글해 보이는 것은 다른 곳에 비해 그곳의 세포들이 두꺼워서 물이 들어가 불은 표가 많이 나서 그런 거야. 우리의 피부는 맨 바깥쪽의 표피, 안쪽의 진피로 되어 있어. 피부의 바깥쪽에 있는 표피는 어떤 역할을 할까?"

"세포의 막이 보호하는 역할이었으니 피부도 우리 몸을 보호해 주는 역할을 할 거예요. 자극을 받아들이는 감각 기관이기도 하고요."

"우와, 대단해. 세포막을 피부에 비유하다니 대단해. 표피는 여러 겹의 세포들로 구성되어 있어 긁히거나 해서 손상을 입더라도 괜찮은 거지. 표피의 가장 안쪽 세포는 열심히 세포 분열을 하고 있거든."

"그래야 늙어서 떨어져 나가는 세포들을 보충할 수 있을 거잖아요. 목욕할 때 밀리는 때 중에 하얀 것은 표피 세포들이 죽어서 떨어져 나오는 것이고요."

"더 이상 가르칠 것이 없네. 피부의 맨 바깥층은 기름기가 많은 물질로 되어 있어 피부를 통해서 수분이 빠져나가는 것도 막아 주고 공기 중에 있는 나쁜 물질이나 세균들이 몸 안으로 들어가는 것도 막아 주지."

"보호하는 일을 하니 그 정도는 해야지요. 그런데 이상해요. 수분이 증발하지 못하도록 한다면서 땀은 어떻게 나요?"

"피부 전체에서 수분이 나가지는 못하지만 땀을 만드는 땀샘이 표피 아래쪽에 있는 진피 부분에 있고 가느다란 관이 바깥쪽으로 연결되어 있어. 피부 전체로 땀을 흘리는 게 아니라 땀샘과 연결된 땀구멍이 있어. 그리고 땀구멍이 몸 전체에 골고루 있는 것도 아니고."

"맞아요. 저는 손바닥에 땀샘이 유난히 많은가 봐요. 발바닥에도요. 땀이 안 났으면 좋겠어요. 어떨 때는 발냄새 때문에 창피할 때도 있거든요."

"땀을 흘리지 않는다면 우리 몸은 많은 부분에서 이상 증세를 나타낼 거야. 우리는 항온 동물이잖아. 체온을 일정하게 유지해야 하는데 체온 조절에서 가장 큰 역할을 하는 것이 땀이거든."

"아, 알겠어요. 땀이 액체니까 수증기로 날아갈 때 기화열이 필요하기 때문에 우리 몸에 있는 열을 빼앗아 가서 체온이 너무 많이 올라가는 것을 막아 주는 거죠?"

"상태 변화에서 배운 기화열을 체온 조절에 적용을 시키다니. 멋져. 체온 조절뿐만 아니라 노폐물의 배설에도 아주 중요한 역할을 하기 때문에 땀이 나지 않았으면 하는 바람은 얼른 접도록."

"그래도 여름에 땀이 뻘뻘 날 때는 정말 싫어요."

"안 그러면 체온이 엄청 올라갈걸. 효소의 주성분이 단백질인데 온도에 아주 큰 영향을 받는다고 했었을 텐데. 우리 몸의 근육도 단백질로 되어 있는데 이것 하나만 생각하더라도 체온이 너무 많이 올라가면 어떤 결과가 생길지는 더 말하지 않아도 알 테지? 설거지나 얼른 하시지요? 고무장갑 끼고. 손이 쭈글쭈글해지는 것은 물이 피부 속으로 스며들어 그런 거라는 걸 알았으니."

"설거지하는 물이 손의 세포 속으로 마구마구 스며든다! 으악, 얼른 고무장갑 주세요, 얼른요."

나 원래대로 돌아갈래! 탄성의 외침

"왜 고무장갑을 끼다 말아?"

"잘 안 올라가요. 잘 늘어나지 않아서."

"고무장갑이 얼마나 탄성이 좋은데 그래? 고무만큼 탄성이 큰 것도 드물어."

"고무줄은 왜 늘어났다 줄었다 하는 거예요? 신기해요."

"그게 바로 탄성이야. 늘었다 줄었다 하는 거. 고무가 탄성력을 가지는 것은 고무의 분자 상태 때문인데 고무는 구부러진 긴 사슬 형태의 분자들로 이루어져 있어 잡아당기면 구부러진 부분이 펴지니 그만큼 늘어나게 되는 거지. 놓으면 다시 원래의 구부러진 상태로 돌아가니 줄어드는 거고. 공, 스펀지, 용수철, 고무줄 등과 같은 물체는 물체에 힘이 주어지면 늘어나거나 눌러지는 변형을 일으키는데 힘을 없애면 다시 원래의 상태로 돌아가게 돼. 이처럼 어떤 물체에 주었던 힘을 없앴을 때 원래의 상태로 돌아가는 성질을 탄성이라고 하고 탄성이 있는 물체를 탄성체라고 해."

"탄성력은요?"

"궁금한 것이 너무나 많은 우리 공주님, 설거지를 해 주니 설명해 드리지요. 설거지하면서 들으심이 어떨런지요?"

"알았어요."

"탄성을 가지고 있는 물체가 힘을 받았을 때 원래의 상태로 되돌아가려는 힘을 탄성력이라고 해. 탄성력의 방향은 어떨까?"

"원래대로 돌아가는 방향이겠지요."

"탄성력의 크기는?"

"잡아당긴 힘과 같아요. 원래대로 돌아가는 힘이니 늘렸을 때의 힘만큼 있어야 할 거 아니에요. 아닌데. 늘릴 때는 힘들어도 놓으면 금방 원래대로 돌아가는데. 헷갈리네."

"탄성력의 크기는 변형의 크기에 비례해. 변형이 많이 될수록 탄성력의 크기도 커지는 거지. 그러나 용수철을 너무 큰 힘으로 잡아당기면 작용하는 힘이 없어지더라도 용수철이 원래의 모양으로 되돌아가지 않고, 곧게 펴지거나 심할 때에는 끊어지기도 하거든. 이

스폰지의 탄성

처럼 탄성력은 줄어들거나 없어질 수도 있어."

"볼펜에 있는 스프링 잡아당기면 주욱 늘어나서 원래대로 안 돌아가요. 그것 때문에 못쓰게 된 볼펜이 몇 개나 되거든요."

"그건 뭐 하러 잡아당겨서 볼펜을 못쓰게 만들어? 아깝게."

"그냥 심심하니까…"

"우리 생활 주변에서 탄성력이 이용된 경우는 여러 가지가 있는데 어떤 게 있을까?"

"고무장갑, 침대, 고무줄 또 뭐가 있죠? 머리 묶는 곱창. 아, 그것도 고무줄이구나. 또 있어요. 활 쏠 때 좌악 잡아당겼다가 놓잖아요. 스타킹도 잘 늘어나고 쿠션도."

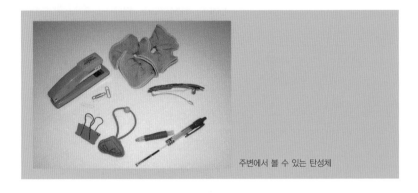
주변에서 볼 수 있는 탄성체

"장대높이뛰기도 구부러진 막대의 탄성력을 이용한 거고 저울 속의 용수철, 다이빙대, 덤블링, 스테이플러에도 용수철이 있지. 공기가 들어 있는 공들도 탄성을 가지고 있고 고무로 된 신발 밑창, 배드민턴 라켓의 줄도 탄성체로 되어 있어. 네가 한때 열광했던 스카이 콩콩까지. 탄성은 소리와도 관계 있어. 음파가 탄성파이기 때문에 음파의 속력은 소리가 지나가는 매질의 탄성 정도에 따라 달라져. 공기보다 탄성이 좋은 물 속에서 더 잘 전달되고 같은 매질 속에서는 당연히 온도가 높을 때 음파의 속력도 빨라지겠지? 그 이유는 뭘까?"

"온도가 높아지면 매질 속의 입자들의 운동이 활발해지게 되니까 탄성이 좋아지겠죠? 그러니 음파의 속력도 빨라지는 거지요, 맞죠?"

"정확하게 알고 있구나. 훌륭해."

이렇게 힘든데 일을 안 했다구요?

"오늘 일을 너무 많이 했더니 힘들고 피곤해요."

"물체의 모양을 변화시키거나 운동 상태를 변화시키는 원인이 되는 것을 힘이라고 해. 힘에는 중력, 마찰력, 탄성력, 전기력, 자기력 등이 있어. 모두 잘 알고 있지?"

"정말 과학 선생님은 징그러워요."

"더 징그러워져 볼까? 일을 많이 했다고? 어떤 일들을 했는데? 우리가 일상적인 언어로 일을 했다는 것과 과학적인 의미로 일을 했다는 것은 많은 차이가 있어."

"꼭 구분해야 해요?"

"응. 그 차이를 알면 구분해야 한다는 말을 이해할 거야. 자, 어머니가 지금 이렇게 밥솥을 들고 있다면 일을 하는 것일까?"

"그게 얼마나 무거운데요. 당연히 일하는 거죠. 그것도 힘든 일을 하고 계시는 거예요."

"과학적인 의미로 나는 지금 전혀 일을 하고 있지 않아."

"네?"

"자, 이번에는 두 팔로 싱크대를 꽉 눌러 볼게. 두 팔에 힘을 최대한 주고 이렇게 누르면, 나는 일을 하고 있는 거니?"

"얼굴이 빨개졌어요. 당연히 일을 하고 있는 거잖아요."

"아니, 난 일을 하고 있는 게 아니야."

"도대체 뭘 해야 일을 하고 있는 게 되는 거예요?"

"자, 마지막으로 한 가지. 어머니가 그릇을 손바닥에 올려 두고 앞으로 걸어갈게. 자, 지금 나는 일을 하고 있는 걸까?"

"무슨 이야기를 하시려는 건지 도통 감을 잡을 수가 없어요."

"어머니가 행동으로 보여 준 세 가지를 이야기해 보자. 첫 번째는 밥솥을 들고 있었고, 두 번째는 싱크대를 두 팔로 눌렀고, 세 번째는 손바닥 위에 그릇을 올린 채 걸었어. 앞의 두 개가 일이 아닌 이유는 두 물체 모두 제자리에 가만히 있었기 때문이야. 밥솥도 싱크대도 움직이지 않았기 때문이지. 이동한 거리가 없는 경우 과학적인 개념에서는 일이라고 하지 않아."

$$일(W) = 힘(F) \times 거리(s)$$

"세 번째는 그릇을 들고 걸었잖아요. 이동했는데 왜 일이 아니에요?"

"세 번째는 힘을 준 방향과 이동한 방향이 달랐기 때문이지. 힘은 위로 주었지만 이동은 그에 직각 방향으로 했거든. 정리해 보면 과학에서의 일이란 물체에 힘을 주었을 때 힘의 방향으로 물체가 움직였을 때라고 정의를 내릴 수 있어. 그래서 과학적인 의미에서의 일은 힘을 어디에 주어 무엇에 대해 일을 했는가를 정확히 해야 하는 거야."

"그럼 제가 슈퍼마켓에서 장바구니 들고 낑낑거리며 집으로 온 것도 일을 한 게 아니란 말이에요?"

"장바구니에 대해서는 그렇지. 장바구니를 들고 있으니 힘은 장바구니 무게만큼 위로 향하지만 장바구니는 앞으로 이동했으니 힘의 방향과 운동 방향이 다르잖아. 이럴 때는 일을 했다고 할 수 없다는

이동 거리가 있어야 일

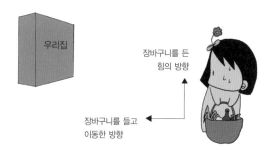

거지."

"말도 안 돼요. 그런 게 어딨어요? 제가 얼마나 힘이 들었는데. 과학자들 순 엉터리예요. 어머니도 마찬가지고. 그게 왜 일이 아니란 말이에요?"

"정확하게 짚고 넘어 가자. 나는 네가 일을 하나도 안 했다고는 하지 않았어. 장바구니를 들고 집으로 오는 동안 장바구니에 일을 한 게 아니라는 의미지. 장바구니를 들어 올릴 때는 일을 한 거야. 장바구니에게 준 힘의 방향과 장바구니가 움직인 방향이 위쪽으로 같으니 일을 한 거지. 그리고 힘들지 않았다는 말도 안 했어. 힘은 들었지만 장바구니를 들고 집으로 오는 동안 일을 한 것은 아니라는 이야기지. 그래서 일상생활에서 말하는 일과 과학에서의 일을 구분할 필요가 있다고 했었잖아."

"그런 것 때문에 괜히 과학이 더 어렵게 느껴지잖아요. 평범하면 쉽고 좋잖아요."

"할 말이 없군, 쩝쩝"

오늘은 어떤 실험해요?

실험 1 바늘로 찔러도 안 터지는 풍선

준비물 풍선, 바늘

방법 ❶ 풍선을 불어 묶은 후 매듭 가까이에 바늘을 꽂아 본다.

　　　❷ 바늘을 빼 반대편에 꽂아 본다.

이건 말이지 묶은 매듭 부근에 바늘을 꽂으면 풍선이 터지지 않지만 풍선이 많이 늘어난 곳은 바늘이 닿기만 해도 뻥! 하고 터진다. 매듭 가까이는 공기를 불어넣어도 거의 늘어나지 않아 탄성이 작은 부분이다. 자극을 주어도 되돌아가려는 탄성력이 작기 때문에 풍선이 터지지 않지만 많이 늘어난 부분은 탄성력이 커서 작은 자극에도 풍선이 터지게 되는 것이다.

실험 2 컵 연주

준비물 유리컵 4개 이상, 나무젓가락, 물

방법 ❶ 유리컵에 물을 적당히 담고 나무젓가락으로 때려 소리를 들어 본다.

❷ 4개의 컵에 담긴 물의 양을 모두 다르게 조절하여 소리의 높이를 다르게

한다.

❸ 좋아하는 노래를 부르며 물컵 연주를 한다.

 물체를 두드릴 때 나는 소리는 물체에 따라 다르다. 같은 유리컵이라도 담

긴 물의 양에 따라 음의 높낮이가 달라진다.

실험 3 지렛대의 원리를 찾아라

지레는 힘점, 작용점, 받침점의 위치에 따라 1종 지레, 2종 지레, 3종 지레가 있다. 주어

진 그림을 보고 주방에서 1, 2 ,3종의 지레에 해당하는 물건을 생활 속에서 찾아보자.

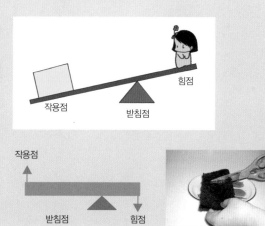

1종 지레는 받침점이 작용점과 힘점 사이에 있고 그 어느 한쪽에서 힘을 가하면 반대쪽으로 힘이 전해지게 된다. 1종 지레는 힘이 아래쪽으로 향해야 한다. 가위, 펜치, 양팔저울, 윗접시 저울, 빨래집게 등이 있다.

2종 지레는 받침점이 한쪽 끝에 있고 힘점과 작용점이 모두 같은 쪽에 있다. 2종 지레는 힘을 주는 방향과 물체가 움직이는 방향이 같다. 병따개, 손수레 등이 있다.

작용점   힘점

받침점

3종 지레는 받침점과 힘점의 위치가 반대로 되어 있어서 작용점이 힘점보다 멀다. 3종 지레는 작은 움직임으로도 작용 범위가 큰 효과가 있지만 작용점에서 받는 힘이 작기 때문에 물체를 들어 올리려면 오히려 더 큰 힘을 주어야 한다. 젓가락, 집게, 핀셋, 낚싯대 등이 있다.

이건 말이지... 지레는 적은 힘으로 무거운 물체를 들어올릴 수 있게 해 준다. 지레를 사용할 때는 받침점에서 힘점까지의 거리가 받침점에서 작용점까지 거리의 2배, 3배가 되면 지레가 작용해야 하는 힘의 크기는 물체 무게의 1/2, 1/3로 된다. 하지만 물체를 같은 높이만큼 들어 올리기 위해서는 힘을 작용해야 하는 거리를 2배, 3배로 해야 한다. 시소 탈 때를 생각하면 쉽다. 정빈이와 예슬이가 시소를 탈 때 둘이 무게의 균형을 잡으려면 정빈이는 중심에서 멀어지고 예슬이는 중심에 가까이 앉아야 한다. 몸무게가 적은 동생이 더 무거운 언니를 들어 올리기 위해서는 시소의 중심에서 거리가 멀어야 하는 것이다.

따라서 일은 주어진 힘과 거리의 곱으로 나타내니 지레를 이용할 경우 힘은 적게 들었으나 거리가 늘어났으므로 결국 한 일은 지레를 이용하지 않을 때와 같은 결과이다.

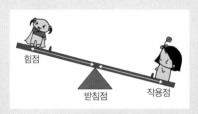

무거운 물건을 들어올릴 때도 바로 들어 올리는 것보다는 빗면을 이용하면 힘이 훨씬 적게 들지만 물체의 이동거리가 길어지니 힘에는 이득이나 일에는 이득이 없다. 일은 주어진 힘과 이동거리의 곱이기 때문이다. 이처럼 도구를 이용하여 힘에는 이득이나 일에는 이득이 없는 것을 일의 원리라고 한다. 우리가 일을 할 때 도구를 사용하는 것 은 일의 양을 줄이려는 것이 아니라 힘을 적게 들이고 쉽게 일을 하기 위해서이다.

3장

감각에 숨은 과학

1 정빈이 코는 개 코?

오감

자극이 있어야
느낄 수 있어!

난 정말 자극이 좋아! 왜냐고? 자극 때문에 내가 살아 있는 것을 느낄 수 있으니까. 보고 듣고 냄새 맡는 것들이 모두 자극에 대한 나의 반응들이니까. 우리에게는 오감이라는 것이 있고 외부로부터 들어오는 여러 가지 자극을 받아들이고 그 자극에 대해 적절한 반응을 하거든. 내가 뭐라고 하는지 안 들린다고? 내 목소리가 너무 작으니까 안 들리는 건 당연하지. 자극이 너무 작으면 너의 청각 기관이 흥분하지 못하거든. 자극이 없는 게 절대 좋은 것이 아니라는 걸, 내가 자극이 좋다는 이유를 알겠지? 우리를 세상과 연결시켜 주는 자극과 반응에 대해 알아보려고 하니 흥분되지 않니?

"쿵쿵!! 이게 무슨 냄새예요? 옆집에서 맛있는 거 해먹나 봐요. 냄새가 솔솔 나는데요? 쿵쿵쿵!"

"난 모르겠는데."

"쿵쿵. 제 코가 개 코잖아요."

"뭐? 개 코?"

"맞잖아요. 어머니가 저보고 우리 예쁜 강아지, 하잖아요. 그러니까 제 코는 당연히 개 코지요."

"뭐?????? 그럼 코로 사람이나 물건을 볼 수 있을까? 아니면 음악을 들을 수는 있어?"

"어머니 바보예요? 코로 어떻게 보고들을 수가 있어요? 코는 냄새 맡는 일밖에 못해요."

"그렇지. 코, 눈, 귀와 같은 것을 감각 기관이라 불러. 그런데 이런 감각 기관은 하는 일이 모두 달라. 분화되어 있다고 표현하지. 눈은 보고(시각), 코는 냄새를 맡고(후각), 귀는 소리를 듣고(청각), 혀는 맛을 느끼고(미각), 피부는 차갑고 뜨거운 것, 아픈 것 등을 느끼는 (피부 감각) 거지. 이처럼 우리가 감각 기관을 통해 느낄 수 있는 감각을 보통 '오감', 다섯 가지의 감각이라 한단다. 캄캄한 밤에 눈을 떴을 때 엄마가 보여, 안 보여?"

"안 보여요."

"왜 안 보일까? 엄마가 사라진 것도 아닌데."

"캄캄하니까 그렇죠."

"캄캄하다는 것은 어떤 거지? 그건 빛이 없는 상황이야. 엄마가 네 옆에 있고 네가 분명히 눈을 뜨고 있는데도 보이지 않는 것은 빛이 없기 때문이지. 낮에 햇빛이 있을 때나 밤에 전등을 켜놓았을 때도 눈을 감으면 역시 보이지 않잖아. 그것은 눈꺼풀이 빛을 막아 버려서 그래. 그러면 우리가 무엇을 보기 위해서는 어떤 조건이 필요할까?"

"밝은 곳에서 눈을 뜨고 있어야 해요."

"그렇지. 참 잘 말해 주었어. 빛이 있어야 하고 눈도 뜨고 있어야 하지. 그건 빛이 우리 눈으로 들어와야 한다는 것을 의미해. 즉 어떤 물체에 빛이 가서 부딪히고 그 빛이 반사되어 우리 눈에 들어와야 하거든. 입만 벙긋거리면서 빛을 귀에 비춘다고 소리가 들릴까? 그건 아니야. 빛은 눈에만 자극으로 작용하지. 이런 것을 '적합 자극'이라고 해. 세 가지를 알게 되었네. 감각 기관, 감각, 적합 자극. 그럼 이것을 귀에도 적용을 시켜 볼까?"

"귀 – 감각 기관, 듣는다 – 감각, 소리 – 적합 자극, 맞죠?"

"아주 잘 했어. 눈을 보는 감각 기관이라는 의미로 시각기라 하지만 눈 전체에서 빛을 받아들이는 것은 아니야. 홍채는 빛의 양을 조절하고 수정체는 렌즈의 역할을 하는 것처럼 눈의 여러 부분은 각각 하는 일이 다른데 그 중에 특별히 빛을 받아들이는 부분이 있어. 귀에도 소리가 들려오면 그것을 받아들이는 부분이 따로 있고. 이런 부분을 '수용기'라고 하지. 수용기가 자극을 받아 나타내는 반응을 흥분이라고 하는데 자극이 너무 작으면 흥분이 일어나지 않아. 어느 정도의 자극이 있어 줘야 흥분하고 감각할 수 있는 거지.

엄마가 너에게 이야기할 때 목소리를 너무 작게 내면 어때? 들리지 않지? 적합 자극이더라도 자극의 세기가 어느 정도 이상이 되어야 흥분이 일어날 수 있는데, 흥분을 일으키는 최소한의 자극의 크기를 역치라고 해. 물론 역치는 각 세포마다 다르지.

맛을 느끼는 과정을 통해 수용기에 대해 좀 더 알아보자. 먼저 혀의 적합 자극부터. 밥을 한 숟가락 입에 넣었다. 맛이 느껴질까? 그렇지는 않거든. 맛을 느끼는 감각 기관이 '혀'이기는 하지만 혀의 전

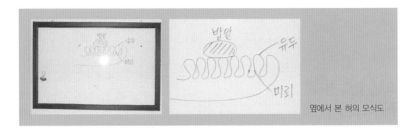
옆에서 본 혀의 모식도

체에서 자극을 받아들이는 것은 아니야. 자극을 받아들이는 부분으로 수용기라는 것이 있다고 했지? 혀에서 수용기는 '미뢰'라는 곳인데 아주 꼭꼭 숨어 있거든. 그림으로 한번 그려서 설명해 볼게. 뭘까? 우리 혀의 옆모습이야."

"혀의 표면은 매끈하지 않고 오돌토돌한데 그것은 유두라는 작은 돌기들 때문이야. 이런 유두는 아주 작고 촘촘하게 있지. 이 유두 옆구리 부분에 미뢰가 있어. 혀에 밥알을 얹었다고 하자. 밥알이 유두 사이의 작은 틈으로 들어가서 미뢰에 닿을 수 있을 수 있을까? 밥알은 고체이고 크기도 너무 크잖아. 어떻게 하면 될까? 저 밥알을 유두 사이의 작은 틈으로 들어가게 하는 방법을 생각해 보렴."

"작게 부수면 어때요?"

"그렇지. 그럼 그 일은 누가 할까?"

"입안에서 부숴야 되죠? 앙앙앙, 알았다. 이로 씹으면 되겠어요."

"그렇지. 바로 이가 잘게 부숴 주면 되지. 그렇게 작아진 것들이 침에 녹아 액체 상태가 돼야 유두 사이로 들어갈 수 있는 거야. 그래서 혀의 적합 자극은 바로 '액체 상태의 물질'이야. 네가 사탕을 입에 넣으면 그 사탕이 딸기 맛인지 포도 맛인지를 알 수 있는 것도 바로 사탕이 침에 녹아 액체 상태로 변해서 미뢰를 자극하기 때문에 알 수 있는 거지."

"미뢰는 정말 똑똑하네요."

"미뢰가 똑똑한 것은 아니야. 미뢰는 단지 자극을 받아들이는 것 뿐이고 직접 맛을 느끼는 것은 대뇌에서 해."

"대뇌가 어떻게 알아요? 혀랑 머리는 떨어져 있는데."

"간단해. 연결해 주는 무엇인가가 있으면 되잖아. 할머니 집과 우리 집이 떨어져 있어도 전화기와 전화선을 통해 소리를 들을 수 있는 것처럼 우리 몸에도 그런 선들이 많이 있어. 그것을 신경이라고 하는데 미뢰와 대뇌 사이에 그런 신경이 연결되어 있어서 미뢰에서 받아들인 자극을 대뇌까지 전달해 주는 거지."

"그럼, 눈에도 귀에도 그런 신경들이 다 있나요?"

"응. 그리고 귀는 청각기 외에 다른 역할도 해. 너 빙글빙글 돌아 봐. 오른쪽으로 다섯 바퀴. 어때?"

"어지러워요."

"이런 회전 감각이나 몸이 기우뚱해질 때 느끼는 기울기 감각을 귀에서 느끼는 거지. 그래서 귀는 평형 감각기이기도 해. 적합 자극이 소리가 아니라 몸의 기울기나 회전이니 당연히 수용기도 다르겠지. 그리고 중추도 달라."

코는 예민해서 빨리 피곤해지지

"왜 또 킁킁거려? 개 코 아가씨?"

"이상하네요. 왜 이젠 냄새가 안 나요? 다 먹어서 그런가?"

"코는 우리의 감각 기관 중 가장 민감해서 공기 중에 기체 상태의 물질이 조금만 있어도 금방 알아내지만…."

"코의 적합 자극은 기체 상태의 물질이란 말씀이죠?"

"맞아. 기체 상태의 물질이 코 안에 있는 후각 상피 세포를 자극하면 후신경이 흥분하고 신경에 의해 대뇌로 전달되어 냄새를 느끼게 되는데 코는 작은 자극에도 반응을 하지만 피로를 가장 쉽게 느끼는 특징을 가지고 있어."

"그럼 다른 냄새도 못 맡아요?"

"같은 냄새에 대해서는 피로를 느껴 무감각해지지만 새로운 냄새는 금방 알아낼 수 있어. 자, 이번에는 우리가 새로운 냄새를 솔솔

감각의 종류와 수용기

감각		감각 기관	적합 자극	수용기	전달 신경	중추
시각		눈	빛	망막	시신경	대뇌
청각		귀	음파(소리)	달팽이관	청신경	
미각		혀	액체 상태의 물질	미뢰	미신경	
후각		코	기체 상태의 물질	후각상피	후신경	
피부 감각	통각	피부	강한 압력, 화학 물질 등	통점	감각신경	
	촉각		접촉	촉점		
	압각		접촉	압점		
	온각		높은 온도로의 변화	온점		
	냉각		낮은 온도로의 변화	냉점		
평형 감각		귀	몸의 기울기	전정기관		소뇌
			몸의 회전	반고리관		

피워 볼까?"

"어떻게요?"

"지금 당장 주방으로 가서 맛있는 걸 만드는 거야."

"옆집과는 다른 걸 만들어야 해요. 그래야 냄새를 맡을 수 있을 테니까요."

 오늘은 어떤 실험해요?

실험 1 소리를 눈으로 보여 줄까?

준비물　라디오, 쌀알, 풍선, 종이컵, 투명 테이프

방법　❶ 종이컵의 아래쪽 부분을 오려 내고 1/3 정도 잘라낸 풍선을 씌운다.

　　　❷ 라디오의 스피커를 위로 하여 ①에서 준비한 종이컵을 스피커 위에 놓고 투명 테이프로 고정시킨다. 이때 풍선이 수평이 되도록 한다.

　　　❸ 풍선 위에 쌀알을 얹는다.

　　　❹ 라디오를 켜서 쌀알의 움직임을 관찰한다.

　　　❺ 소리의 크기를 변화시키면서 쌀알의 움직임을 관찰한다.

　　　❻ 빠르기가 다른 음악을 틀고 쌀알의 움직임을 관찰한다.

 쌀알이 춤을 춰요.

 소리가 커질수록 쌀알의 움직임이 크고 빠른 노래일수록 쌀알의 움직임이 빨라요.

이건 알이지 우리가 소리를 듣는다는 것은 공기의 진동이 귀로 전달되어 나타나는 현상이다. 풍선 위의 쌀알이 춤을 추는 것은 라디오에서 나온 소리가 종이컵 안의 공기를 진동시키고 이 진동이 풍선에 전해져 풍선이 떨리게 되어 그 위에 얹어 둔 쌀알이 움직이게 되는 것이다. 풍선은 우리 귀의 고막에 해당하는 것으로 공기의 진동을 전해 주는 역할을 한다. 라디오 소리의 높고 낮음, 음악의 빠르기와 느림에 따라 쌀알의 움직임이 달라지는 것도 공기가 그 진동을 전달하기 때문이고 그에 따라 우리도 소리의 높낮이와 다양한 빠르기를 느낄 수 있는 것이다.

왜 사람만 말을 해요? 강아지는 멍멍 하고 짖기만 하는데?

 허파에서 나오는 공기를 성대가 진동시켜 소리를 만드는데 사람은 발달된 혀와 주름이 많아 다양한 모양으로 변할 수 있는 입술 덕분에 말을 할 수 있는 것이다. 성대의 진동이 입을 지나면서 혀와 입 모양에 따라 다양한 말이 된다. 혀는 움직이지 않고 입 모양만 바꾸거나 입은 움직이지 말고 혀 모양만 바꾸어서 말을 해 보면 두 가지 경우 모두 말이 제대로 되지 않는다는 것을 알 수 있다.

실험 2 혀야, 그대로 멈춰라

준비물 과자, 주스 등 맛있는 먹을거리면 무엇이든.

방법 ❶ 준비된 먹을거리를 입에 넣고 혀를 움직이지 않고 씹어 본다.

❷ 혀를 움직이지 않고 주스를 삼켜 본다.

 혀를 움직이지 않으니 이만 아래위로 부딪치고 잘 씹을 수가 없어요. 삼킬 때 혀가 입천장에 붙어요.

혀를 움직이지 않고 삼키기가 너무 힘들어요. 머리를 뒤로 젖혀 흔들어도 잘 안 돼요. 혀가 이리저리 움직여줘야 음식을 씹을 수가 있어요.

이건 알아두지... 혀의 기능 중 하나가 음식물을 씹고 삼키는 것을 도와주는 것이다. 혀의 표면이 오돌토돌하면 음식물을 이리저리 섞어 주기가 쉽다. 그리고 음식물 중에는 딱딱하고 거친 것들이 있지만 혀의 표면이 튼튼하기 때문에 문제 없다.

추천사

과학 대중화의 정당한 기준 제시!

"시험관 속에 갇혀 있는 과학기술을 끌어내어 대중들이 즐기게 해야 할 때가 되었다."고 흔히들 말한다. 하지만 과학기술이 시험관 속에 갇혀 있던 시대는 거의 없다. 고대로부터 현대에 이르기까지 대중들은 언제나 과학기술과 함께 살아왔다. 단지 그 원리와 개념이 당대의 과학자들에 의해 독점되었을 뿐이다. 많은 과학기술자들이 '평화 시에는 인류를 위해, 하지만 전쟁 시에는 조국을 위해' 라는 숨겨진 사명감을 갖고 있는 가운데에도 과학 대중화를 외치며 실천하는 과학기술자들 또한 항상 존재하였다. 하지만 과학 대중화를 표방한 많은 책들과 방송 프로그램들은 단지 현상만 보여 줄 뿐이고 또 너무나도 뻔하고 누구나 이해할 수 있는 원리만을 소개하려 한다. 꼭 필요한 원리와 개념이라 할지라도 조금만 어려우면 피해 가는 것이다. 솔직히 과학은 어렵다. 그렇지만 그것을 대중들에게 이해시킴으로써 그들이 그것을 바탕으로 새로운 창조적인 사고를 하게 하는 것이 과학의 '대중화' 가 아니겠는가!

이 점에서 이영미 선생님의 『요리로 만나는 과학 교과서』는 과학 대중화의 정당한 기준을 보여 주었다고 단언할 수 있다. 독일의 여성 물리화학자인 클라라 임머바가 100년 전에 시도했던 '가사에서의 화학과 물리' 강연회가 이제야 완성된 것이다.

이정모 ‖ 과학저술가, 『해리포터 사이언스』 『삼국지 사이언스』 저자

엄마와 함께 주방에서 할 수 있는 실험이 가득!

가끔 과학자나 과학 교사였으면 할 때가 있지 않은지요? 초등학교에 다니는 아이가 학교에서 배운 과학 용어를 섞어 가며 "관성이 뭐예요?" "정전기는 왜 생겨요?"라고 물을 때면 머리가 지끈지끈거리며 난감하지 않으셨나요? 그런 부모님께 이 책은 꼭 권하고 싶은 책입니다.

너무나 일상적인 일이라 무심코 지나치기 쉬운 여러 가지 자연 현상에 대해 딸은 기막히게 질문하고, 엄마는 쉽게 풀어 설명해 주어 궁금증을 해결해 줍니다. 엄마와 두 딸 사이에 오가는 대화와, 특히 주방에서 쉽게 할 수 있는 실험은 난감한 질문에 시달리는 부모님께 좋은 지침이 될 것입니다.

옛말에 "들은 것은 잊어버리고, 본 것은 기억하고, 직접 한 것은 이해한다."는 말이 있습니다. 자라나는 우리의 자녀가 과학을 보고 들을 뿐만 아니라 직접 체험해 볼 수 있다면 자연 현상을 과학적으로 이해하는 데 얼마나 도움이 되겠습니까? 이 책 곳곳에는 주방에서 엄마와 함께 직접 해 볼 수 있는 쉬운 실험들이 많이 소개되어 있습니다. 부모님들도 자녀에게 이 책을 사 주는 것으로 끝내지 마시고 책에 소개된 실험을 직접 함께 하면서 과학의 감동을 자녀와 나누길 바랍니다.

임혁 ‖ 서울대학교 사범대학 부설 여자중학교 과학 교사, 청소년 과학 탐구반 자문위원

생활 속에서 과학을 발견하고 탐구하는 기쁨

큰 아이의 중학교 입학을 앞두고 학습 정보를 많이 가지고 있다고 소문난 엄마에게 조언을 구했더니 "과학 실험은 한번 훑어 줬느냐."고 되물었다. 영어 수학도 중요하지만 아이들이 과학을 많이 힘들어한다면서. 중학교에서 쉽게 과학 공부를 하기 위해서는 초등학교 때 미리 과학 실험을 해 봐야 한다며 자신은 아이에게 과학 교재, 과학 학습 프로그램을 구입해서 과학 학습 선생님의 도움을 받아 실험을 많이 시켰다며 지금부터라도 둘째 아이는 미리 시키라고 하는 것이 아닌가.

그 말에 마음이 급해지기도 하고 갈등을 하고 있던 참에 이 책을 만났다. 이 책은 일상생활, 그 중에서도 엄마들이 매일 하는 요리와 과학을 연결시켜 과학의 개념을 쉽게 이해할 수 있도록 해 주었다. 책을 통해 배운 이론만 존재하고, 그 이론마저 세월에 희미해진 내게 이 책은 나의 가장 중요한 생활 공간인 주방에서 아이와 함께 과학 공부를 할 수 있다는 자신감을 주었다. 샌드위치를 함께 만들어 먹으며 지질 구조를 익힐 수 있으니 아이는 시간을 내서 외우지 않아도 자연스럽게 이해하고 오래 기억하게 되리라.

이 책을 만난 후 나는 많이 설렌다. 아이와 함께 하는 시간이 많은 엄마, 아이에게 도움이 되는 똑똑한 엄마, 아이와 함께 생활 속에서 과학을 발견하고 탐구하려고 노력하는 엄마로의 변화를 꿈꾼다. 사춘기에 접어든 아들과 과학을 통한 든든한 연결고리가 생긴 것 같아 그것 또한 한없이 기쁘다.

윤시정 ‖ 중학교 1학년 주성, 초등학교 2학년 지원이 엄마